酷科学 科技大观
KU KEXUE KEJI DAGUAN

带你探秘海洋

张红琼◎主编

时代出版传媒股份有限公司
安徽美术出版社
全国百佳图书出版单位

图书在版编目（CIP）数据

　带你探秘海洋/张红琼主编. —合肥：安徽美术出版社，
2013.1（2021.11重印）（酷科学. 科技前沿）
　　ISBN 978－7－5398－4241－7

　Ⅰ. ①带… Ⅱ. ①张… Ⅲ. ①海洋霸权－历史－世界－
青年读物②海洋霸权－历史－世界－少年读物 Ⅳ. ①D51－49

　中国版本图书馆 CIP 数据核字（2013）第 044208 号

酷科学·科技前沿
带你探秘海洋

张红琼 主编

出 版 人：王训海

责任编辑：张婷婷

责任校对：倪雯莹

封面设计：三棵树设计工作组

版式设计：李　超

责任印制：缪振光

出版发行：时代出版传媒股份有限公司
　　　　　安徽美术出版社　（http://www.ahmscbs.com）

地　　址：合肥市政务文化新区翡翠路 1118 号出版传媒广场 14 层

邮　　编：230071

销售热线：0551－63533604　0551－63533690

印　　制：河北省三河市人民印务有限公司

开　　本：787mm×1092mm　　1/16　印　张：14

版　　次：2013 年 4 月第 1 版　2021 年 11 月第 3 次印刷

书　　号：ISBN 978－7－5398－4241－7

定　　价：42.00 元

　　虽然，人类的绝大多数都生活在陆地上，但浩瀚的海洋才是地球的主体，它占据地球表面积的71%还要多一些。从太空中看地球，地球呈现蓝色，就是因为地球的表面被海洋所覆盖，因此，地球被冠以"蓝色星球"的名号。太平洋是地球上最大的海洋，从地球仪上的南太平洋侧面观察地球，你会以为整个地球只有海洋，可见海洋在地球上所占的比重之大。

　　海洋的浩瀚与广袤并不仅仅表现在其表面积上，它的深度、它的"内涵"、它的多变以及它所带给人类的心灵冲击都可以用震撼、颠覆这样的词来形容。从它的深度来看，海洋的最深处位于太平洋的马里亚纳海沟，马里亚纳海沟呈弧形走向，全长2550千米，平均宽70千米，大部分水深在8000米以上，最深处11034米，比世界最高峰——珠穆朗玛峰（海拔8844.43米）还要高出不少，是地球的最深点。测量表明，世界十大海沟深度均在8000米以上。从它的"内涵"来看，首先洋中蕴藏着十分丰富的矿产资源，有锰、钾、铁、硫、碳、钙、钠、镁等金属和非金属，其中某些金属含量还在陆地上的金属含量之上；其次，海洋中栖息着众多的海洋生物，科学估算，海洋中至少栖息着100多万种海洋生物，其中有一些生物，还为海洋所特有。

　　海洋是广袤浩渺的，同时也是神秘莫测的，它多变的气象和不可思议之处给人类留下了十分深刻的印象，人类对海洋的勘探还刚刚起步，对海洋的了解尚属于认识阶段，对许多海洋现象的形成和发展规律还了解得不够清楚，有些情况还一无所知，到目前为止，依然有许多有关海洋的谜题在困扰着人类，因此，增加海洋的相关知识是十分有必要的，希望这本书能帮助您增加这方面的知识。

CONTENTS

目录

带你探秘海洋

海洋生物世界

海底世界

海洋奇观与谜团

蓝色海洋成因与原貌

　　海水是从哪里来的，又是如何形成的，原始的海洋与现在的海洋的成分完全一样吗？很多有关海洋的问题时至今日，仍然无法得到明确的科学答复。其原因在于海洋的形成与另一个悬而未决的问题——海洋和太阳系的起源有着不可分割的奇妙关系。

　　当然，有一些问题还是可以肯定的，如原始的海洋与现在的海洋不完全一样，原始的海洋不是咸的，而是带酸性并且缺氧的，经过亿万年的积累融合，才变成如今咸咸的海洋。

记载海洋历史的生物

在海洋的表层与海底表面上都生存着一种被称为"有孔虫"的原生动物。

基本小知识

原生动物

原生动物是动物界中最低等的一类真核单细胞动物，个体由单个细胞组成。与原生动物相对，一切由多细胞构成的动物，被称为后生动物。原生动物形体微小，最小的只有 2～3 微米，一般在 10～200 微米，除海洋有孔虫个别种类可达 10 厘米外，最大的约 2 毫米。原生动物生活领域十分广阔，可生活于海水及淡水内，但也有不少生活在土壤中或寄生在其他动物体内。

生存在海洋表层的有孔虫为浮游性有孔虫，生存在海底表面的有孔虫为海底有孔虫。日本冲绳特产星砂，即是一种海底有孔虫聚集在一起形成的。星砂有 1～2 毫米，而每只有孔虫只有 0.2～0.5 毫米，非常小。

有孔虫

知识小链接

有孔虫

有孔虫是一类古老的原生动物，5 亿多年前就产生在海洋中，至今种类繁多。由于有孔虫能够分泌钙质或硅质，形成外壳，而且壳上有一个大孔或多个细孔，以便伸出伪足，因此被称为有孔虫。

有孔虫外壳大多由碳酸钙（$CaCO_3$）构成。在外壳的形成过程中，海洋中许多宝贵的信息都一起被封闭在其中，所以有孔虫的外壳可谓是记载海洋历史的宝库。

在这些记载中，最宝贵的是有关地球上"冰川面积"的内容。

今天的冰川只存在于南极洲和格陵兰海，而大约 25 000 年前，在斯堪的纳维亚半岛、欧洲以及北美洲都可见到冰川。那时即所谓的冰川时代。

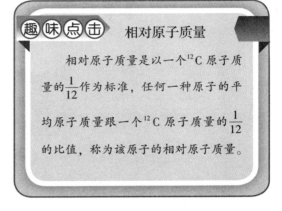

趣味点击　相对原子质量

相对原子质量是以一个 ^{12}C 原子质量的 $\frac{1}{12}$ 作为标准，任何一种原子的平均原子质量跟一个 ^{12}C 原子质量的 $\frac{1}{12}$ 的比值，称为该原子的相对原子质量。

那么，那时地球上的冰川到底占多大面积呢？实际上，一只不足 1 毫米的小小有孔虫的外壳就可以告诉我们答案。

宇宙中存在的氧原子的相对原子质量大多数为 16。但是，在 5000 个氧原子中大约会存在 1 个相对原子质量为 18 的特殊氧原子。

化学性质相同，因中子数量不同而导致相对原子质量不同的原子被称为同位体。这两种氧原子分别写成 ^{16}O、^{18}O。在构成水分子的氧原子中，^{16}O 与 ^{18}O 也以 5000:1 的比例存在。相对原子质量的不同，则意味着质量的不同。

所以，^{16}O 构成的水分子就会稍轻于 ^{18}O 构成的水分子。这一差异直接影响到水分的蒸发。蒸发是水分子的热运动而引起的，^{16}O 较轻，所以蒸发得较多。水分子蒸发后，变成云，最终结成冰聚集在两极。

换言之，地球上的冰川越多，海水中的 ^{16}O 就会越少。深层海水占海水容量一半以上，其氧原子同位素的比率，大致可代表同时代海水中的平均值。

栖息于深海中的海底有孔虫，在生成自身的外壳时，碳酸钙中的氧原子同位素比率与海水中的比率相同。一只有孔虫外壳中的氧原子同位素的比率，可以通过质谱仪来进行测定。根据测定结果就可以知道当时海水中氧原子同

位素的比率，从而进一步推测当时地球上冰川的面积。

另外，海水蒸发形成冰川后，海水变少，海平面降低。海平面的下降值也可间接推出当时地球上冰川的面积。

白垩纪时期的海洋

环境危机是当今人类所面临的最大的问题之一。其中以因废气的过度排放而引起的温室效应，造成地球变暖这一问题尤为严重。

在漫长的发展历史中，地球曾数次变暖。最近一次则是在约1亿年前的白垩纪，即恐龙生存的时代。随着研究的不断深入，当时的地球渐渐明朗化。

拓展阅读

白垩纪

白垩纪是中生代的最后一个纪，位于侏罗纪和古近纪之间，长达8000万年，是显生宙的较长一个阶段。发生在白垩纪末的灭绝事件，是中生代与新生代的分界。

在白垩纪，海水淹没了一部分陆地（称为海浸），特别是北美洲、欧洲、北非、中东等地区全被海水浅浅地覆盖。

白垩层（白垩纪由此得名）的堆积，也是这次海水大量入侵造成的。

据推测，当时的海平面比现在高300米。但两极的冰川全部融解也无法弥补这300米的高度差（冰川融解只能使海平面上升70米）。

板块构造学说认为，海洋板块运动产生了海岭，海水从海岭向四周伸展时慢慢冷却、下降。

在白垩纪，火山活动频繁，海底的伸展速度极快。因此，海底不断变浅，而溢出的海水淹没了陆地。结果导致陆地上植物锐减，并且因陆地上可侵蚀风化的面积减少，河流提供给海洋的营养物质也减少，海洋中的浮游生物无法大量生长，也就无法大量吸收空气中的二氧化碳。

相反，频繁的火山活动，反而产生大量的二氧化碳进入空气中。于是，二氧化碳浓度大幅度上升，导致了温室效应增强，地球逐渐变暖。于是两极的冰川也开始融化，出现了一个温暖世界，而当时的海洋也随之发生了奇妙的变化。

知识小链接

风化作用

风化作用是指地表或接近地表的坚硬岩石、矿物与大气、水及生物接触过程中产生物理、化学变化而在原地形成松散堆积物的全过程。根据风化作用的因素和性质可将其分为三种类型：物理风化作用、化学风化作用、生物风化作用。

当今的海洋构造可大致分为表层与深海层。深海层的海水大多是北大西洋与南极洲附近海域的表层海水冷却后，下沉所致。

但是在白垩纪，南北两极的冰川全变为陆地，表层海水无法冷却，深海层的海水就无法得到补充，因此当时海洋自身的循环被认为处于停滞状态。

世界范围的黑色有机质泥石层的发现则是国际深海挖掘计划的另一重大成果。换言之，当时的海底大范围地被一层胶状污泥所覆盖。

在海洋中，大多数有机物是在表层通过光合作用形成的。但在其沉至海底之前，大部分已被细菌所分解。随着分解的不断进行，海水中溶解的氧气被大量消耗，海水停止流动，循环中断，整个海洋处于无氧状态。而有机物的分解也因此暂时停止，有机物质（胶状污泥）才得以堆积到海底。这种黑色有机质泥石层，是现在世界上极其重要的石油来源。

总而言之，人类利用过去温暖的地球所遗留下来的产物创建了文明，而现在又要释放出当时储存的碳元素，人为地使地球再次温暖起来。

地球从温暖期至冰河时代

海底火山爆发

在白垩纪，存在于古生代后期（3亿~2亿年前）的超级陆地开始分裂。

据推测，陆地的分裂是由日益活跃的地幔对流运动引起的，火山爆发则是其直接导火索。前文所讲述的地球温暖期则是其产物。

在这一时代，由于海底火山运动的影响，热水循环加速，而河流提供的养分又减少，海洋处于缺乏营养的困境中。同时，虽然海洋生物平均数量减少，但由于海洋循环的停滞，有机物得以保存，海底的污泥层不断升高。

进入新生代后，分裂的陆地开始相互碰撞，形成山脉，即现在的阿尔卑斯山及喜马拉雅山等。海底的火山活动减少，海平面也下降了。山脉的侵蚀风化频繁，河流与泥石流共同作用，把大量的物质运往海中。

于是，海洋中的养分增多，海洋生物频繁繁殖。这些生物的频繁活动，又使得在白垩纪上升的大气中二氧化碳的浓度慢慢降

拓展阅读

古生代

古生代是地质年代的名称，是显生宙的第一个代，距今约5.7亿~2.3亿年前，占显生宙时期的$\frac{2}{3}$。包括早古生代的伊迪卡拉纪、寒武纪、奥陶纪、志留纪和晚古生代的泥盆纪、石炭纪、二叠纪。

低，地球开始变冷，终于两极冰川再次出现，地球进入了冰川时代。据考证，时间应在 200 万年以前。

冰川时代开始后，地球公转轨道的变化使得太阳日照量发生周期性变化，从而产生了周期分别为 4 万年与 10 万年的冰川异常发达的"冰期"与相对温和的"间冰期"，二者交替重复。通过分析以有孔虫为代表的海底堆积物，可以证实这段历史的真实性。

我们现在就处于间冰期。大约在 12 万年前，与现在大致相同的间冰期也曾出现过。冰川时代结束，地球迅速变暖。但是，当时的间冰期并未得以长期存在，地球很快又变冷了。

那么，今天的地球又将迎接怎样的命运呢？

在人类活动进化到全球性的今天，单靠分析过去的环境变化是无法预测地球的明天的。但是，在地球环境的变化过程中，海洋生物对碳循环所起的决定性作用是毋庸置疑的。

约 30 亿年前，火山列岛的相互碰撞产生了添加体，从而进一步形成了陆地。伴随着陆地的形成，地球上第一次出现了山脉的风化、河流及泥石流现象，海洋获得了大量的养分，生成了无数光合生物。

拓展阅读

新生代

新生代是地球历史上最新的一个地质时代。随着恐龙的灭绝，中生代结束，新生代开始。新生代被分为三个纪：古近纪、新近纪和第四纪。总共包括七个世：古新世、始新世、渐新世、中新世、上新世、更新世和全新世。

随之，大气中的二氧化碳被吸收，而释放出的氧气成为大气主要的成分。从白垩纪到新生代的转变，究其本质也是这一变化的一种体现。

其中，海洋生物的数量也至关重要。人类现在正想强制性地搅乱这一变化。今后地球暖化会以何种形式爆发，谁也无法预测。

有关环境变化历史的研究告诉我们，海洋生物的数量变化与生态系统的变化是不容忽视的。

蓝色海洋是怎样形成的

海洋是怎样形成的？海水是从哪里来的？

对这个问题，目前科学还不能给出最后的答案，这是因为，这个问题与另一个具有普遍性的、同样未被彻底解决的太阳系起源问题相联系着。

现在的研究证明，大约在 50 亿

海 洋

海底世界

年前，从太阳星云中分离出一些大大小小的星云团块。它们一边绕太阳旋转，一边自转。在运动过程中，互相碰撞，有些团块彼此结合，由小变大，逐渐成为原始的地球。星云团块碰撞过程中，在引力作用下急剧收缩，加之内部放射性元素蜕变，使原始地球不断受到加热增温；当内部温度达到足够高时，地球内的物质包括铁、镍等开始熔解。在重力作用下，重的下沉并向地心集中，形成地核；

轻者上浮，形成地壳和地幔。在高温下，内部的水分汽化与气体一起冲出来，飞升入空中。但是由于地心的引力，它们不会跑掉，只在地球周围，成为气、水合一的圈层。位于地表的一层地壳，在冷却凝结过程中，不断地受到地球内部剧烈运动的冲击和挤压，因而变得褶皱不平，有时还会被挤破，形成地震与火山爆发。开始，这种情况发生频繁，后来渐渐变少，慢慢地稳定下来。这种轻重物质分化，产生大动荡、大改组的过程，大概是在45亿年前完成的。

知识小链接

星　云

　　星云是尘埃、氢气、氦气和其他电离气体聚集的星际云，是天文学上通用的名词，泛指任何天文上的扩散天体，包括在银河系之外的星系。星云通常也指恒星形成的区域。

　　地壳经过冷却定形之后，地球表面变得皱纹密布，凹凸不平。高山、平原、河床和海盆，各种地形一应俱全了。

　　在很长的一个时期内，天空中水汽与大气共存于一体，浓云密布，天昏地暗。随着地壳逐渐冷却，大气的温度也慢慢地降低，水汽以尘埃与火山灰为凝结核，变成水滴，越积越多。由于冷却不均匀，空气对流剧烈，形成雷电狂风，暴雨浊流，雨越下越大，一直下了很久很久。滔滔的洪水，通过千川万壑，汇集成巨大的水体，这就是原始的海洋。

　　原始的海洋，海水不是咸的，而是带酸性并且缺氧的。水分不断蒸发，反复地成云致雨，又落回地面，把陆地和海底岩石中的盐分溶解，不断地汇集于海水中。经过亿万年的积累融合，海水才变成了咸的。同时，由于大气中当时没有氧气，也没有臭氧层，紫外线可以直达地面，靠海水的保护，生物首先在海洋里诞生。大约在 38 亿年前，海洋里产生了有机物，先有低等的单细胞生物。在 6 亿年前的古生代，海洋里有了海藻类，海藻类在阳光下进行光合作用，产生了氧气，慢慢积累的结果是形成了臭氧层。此时，生物才开始登上陆地。

总之，经过水量和盐分的逐渐增加，以及地质历史上的沧桑巨变，原始海洋逐渐演变成今天的海洋。

◎ 大陆漂移说

早在 1620 年，英国人培根就已经发现，在地球仪上，南美洲东岸同非洲西岸可以很完美地衔接在一起。到了 1912 年，德国科学家魏格纳提出了大陆漂移的假说。数十年后，大量的研究表明，大陆漂移说是正确的。人们根

魏格纳

据地质、古地磁、古气候及古生物地理等方面

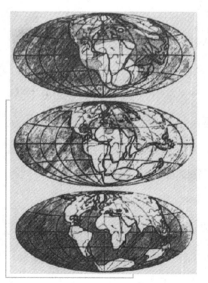

大陆漂移示意图

的研究，推断出了古代时期大陆与大洋的分布。大约在 2.4 亿年前，地球上的大陆是聚集在一起的，这个大陆从北极附近延至南极，地质学上叫泛大陆。在泛大陆周围则是统一的泛大洋。此后，又经过了漫长的岁月，泛大陆开始解体，北部的劳亚古陆和南部的冈瓦纳古陆开始分裂。大陆中间出现了特提斯洋（1.8 亿年前）。此后，大陆继续分裂，印度洋陆块脱离澳大

利亚—南极陆块，南美陆块与非洲陆块分裂；此时的印度洋、大西洋开始扩张。到了 6000 万年前，已经出现现代大陆和大洋的格局雏形。以后，澳大利亚离开南极北上，阿拉伯板块与非洲板块分离，红海、亚丁湾张开，形成现代大洋和大陆的分布格局。

大陆的漂移由扩张的海底也能得到证实。纵贯大洋底部的洋中脊，是形成新洋底的地方；地幔物质上升涌出，冷凝形成新的洋底，并推动先形成的洋底向两侧对称地扩张；海底与大陆结合部的海沟，是洋底灭亡的场所。当洋底扩展移至大陆边缘的海沟处时，向下俯冲潜没在大陆地壳之下，使之重新返回到地幔中去。

知识小链接

古地磁

古地磁又称自然剩磁，是指人类史前和史期的地磁场。各地质时代的岩石常有一定的磁性，指示其生成时期的磁极方向。古地磁一般分为两种，即热剩磁和沉积剩磁。岩浆岩中带磁性矿物所表示的磁性，称热剩磁。沉积岩中带磁性物质所表示的磁性，称沉积剩磁。

从地图上可以看出，大西洋两岸海岸线弯曲形状非常相似，但细究起来，并不十分吻合。这是因为海岸线并不是真正的大陆边缘，它在地质历史中随着海平面升降和侵蚀堆积作用发生过很大的变迁。1965 年，英国科学家布拉德借助计算机，按 1000 米等深线，将大西洋两缘完美地拼合起来。如此完美的大陆拼合，只能说明它们曾经连在一起。此外，美洲和非洲、欧洲在地质构造、古生物化石的分布方面都有密切联系。例如，北美洲纽芬兰一带的褶皱山系与西北欧斯堪的纳维亚半岛的褶皱山系遥相呼应；美国阿巴拉契亚山的海西褶皱带，其东端没入大西洋，一直到英国西南部和中欧一带又重出现；

非洲西部的古老岩层可与巴西的古老岩层相衔接。这就好比两片被撕碎了的报纸，按其参差的毛边可以拼接起来，而且其上的印刷文字也可以相互连接。我们不能不承认这样的两片破报纸是由一大张撕开来的。

知识小链接

等深线

等深线是指在海洋或湖泊中，相同深度的各点连接成封闭曲线，按比例缩小后垂直投影到平面上，所形成的曲线。在同一条等深线上各点深度相等。在地形图上，等深线可表示海洋或湖泊的深度，海底或湖底地形的起伏。

古生物化石，也同样证实大陆曾是连在一起的。比如广布于澳大利亚、印度、南美和非洲等南方大陆晚古生代地层中的羊齿植物化石，在南极洲也有分布。此外，被大洋隔开的南极洲、南非和印度的水龙兽类和迷齿类动物群，具有惊人的相似性。这些动物也见于劳亚大陆。如果这些大陆曾经不是连在一起，很难设想这些陆生动物和植物是怎样远涉重洋、分布于世界各地的。

基本小知识

羊齿植物

羊齿植物就是蕨类植物。具明显的根、茎、叶和复杂的维管系统的分化。除少数具乔木状直立茎外，大都具横走的根状茎。单叶或一至多回羽状复叶、具柄，叶片中的脉序羽状或扇状，侧脉二歧分叉或二歧合轴分叉，开放或结成网状。植物体各部通常具有鳞片和各种毛被等保护器官；孢子囊部分散生或成聚合囊，绝大多数聚生成各种形状的孢子囊群，着生于叶片下面的边缘或叶脉上。孢子囊绝大多数具薄的囊壁，并有释放孢子的结构——环带。

◎ 板块构造说

板块构造理论，是从海底研究得出的，是了解地球形态的一把钥匙。

冰　山

大洋海沟剖面示意图

沉积

海沟

基底

　　地球表层是由一些板块合并而成的。这些板块就像浮在海面的冰山，在熔融的地幔岩浆上漂浮运动。所谓板块构造，讲的就是这些坚硬的岩石板块以及它们的运动体系。地球表层主要有六个基本板块。板块坚如磐石，内部稳定，地壳处于比较宁静的环境之中；而板块之间的交界处是地壳运动激烈的地带，经常发生火山喷发、地震、岩层的挤压褶皱及断裂。

岛　礁

　　六大板块中，太平洋板块完全由大洋岩石圈组成；而大西洋由洋中央海底山脉分开，一半属于亚欧板块和非洲板块，一半属于美洲板块；印度洋，也由人字形的海底山脉分开，使印度洋洋底分别属于非洲板块、印度板块和南极板块。所以，这些板块是由大洋岩石圈及大陆岩石圈组成，包含了海洋与大陆。

知识小链接

对 流

对流是指液体或气体中各部分的相对运动。因浓度差或温度差引起密度变化而产生的对流称自然对流；由于外力推动而产生的对流称强制对流。

板块为什么会运动？它的动力来自何处？目前的科学知识告诉我们，主要是地幔深处的热对流作用导致板块运动。地球深部的核心称地核，它是高温熔融的。它给地核外围的地幔加热，致使地幔温度很高，靠近地核的岩层也被熔化了。地幔下部的导热性不能有效地将地核的热量散发出去，使热量积聚，致使地幔逐渐升高温度。地幔物质成为塑性状态，形成对流形式的运动。地幔的热对流是在大洋中的海底山脉（又称洋中脊）处上升，沿着海底水平运动，到大洋边缘的海沟岛弧带，经过水平长距离运动后冷却，而沿海沟带下沉，又回到高温的地幔层中消失。

板块运动冲击成的海岸线

由于地幔的对流运动，使得漂浮在它上面的板块也被带动做水平运动。所以，地幔的热对流是带动板块运动的传送带。板块从洋中脊两侧各自做分离的运动。这运动的板块最终总会相遇的，相遇时会相互碰撞。当大洋板块与大陆板块相碰撞，大洋板块密度大而且重，就插到大陆板块之下，在碰撞向下插入处就形成大洋边缘的深海沟。假使是两个大陆板块相碰撞，则互相挤压，使两个板块的接触带挤压变形，形成巨大的山系。如喜马拉雅山系就是由于欧亚板块与印度板块挤压而形成的。因此，大洋底部的运动，形成大洋边缘岛弧海沟复杂的地貌，也构成了大陆上巨大的山系。板块构造控制了整个地球的地表形态。

◆ 崎岖美丽的海岸

红树林海岸

海岸是什么？通俗地说，海岸是紧接海洋边缘的陆地部分。进一步说，海岸是海岸线上边很狭窄的那一带陆地。总之，海岸是把陆地与海洋分开同时又把陆地与海洋连接起来的海陆之间最亮丽的一道风景线。但是，它不是一条海洋与陆地的固定不变的分界线，而是在潮汐、波浪等因素作用下，时常都在发生变动的一个地带。

海岸形成于遥远的地质时代。当地球形成、海洋出现，海岸也就诞生了。蜿蜒曲折的海岸线经历了漫长的变化，才形成今天的模样。变动着的海岸历经沧桑，仿佛一切都已成为遥远的过去，然而通过海洋与陆地留下的古生物化石和侵蚀与堆积的痕迹，人们寻觅到了古海岸线的蛛

拓展阅读

西班牙太阳海岸

"太阳海岸"位于西班牙南部的地中海沿岸，长200多千米，被誉为世界六大完美海滩之一，也是西班牙四大旅游区之一。该海岸连接近百个中小城镇，许多原来人烟稀少的沿海村庄现在都已成为现代化旅游点。那里气候温和，阳光充足，全年日照天数达300多天，故称"太阳海岸"。

丝马迹。沿着这些踪迹，无论是被高高挂起还是被深埋地下的海岸线，都将映入我们的眼帘。我们将把海岸沧桑之谜一个一个地解开，科学而又准确地讲述海岸的变迁、预见海岸的未来。

海岸根据海岸动态可分为堆积性海岸和侵蚀性海岸；根据地质构造划分为上升海岸和下降海岸；根据海岸组成物质的性质，可分为基岩海岸、沙砾质海岸、平原海岸、红树林海岸和珊瑚礁海岸。

知识小链接

海岸线

海岸线是陆地与海洋的交界线。一般分为岛屿海岸线和大陆海岸线。曲折的海岸线极有利于发展海上交通运输，是发展优良港口的先天条件。

◎ 基岩海岸

由坚硬岩石组成的海岸被称为基岩海岸。它轮廓分明、线条强劲、气势磅礴，不仅具有阳刚之美，而且具有变幻无穷的神韵。它是海岸的主要类型之一。基岩海岸常有突出的海峡，在海峡之间，形成深入陆地的海湾。峡、湾相间，绵延不绝，海岸线十分曲折。

在我国的山东半岛、辽东半岛等地，基岩海岸广为分布。基岩海岸最为壮观的景象是从海上奔腾而来的巨浪在悬崖峭壁上撞出冲天水柱，发出阵阵轰鸣。

我国的基岩海岸多由花岗岩、玄武岩、石英岩、石灰岩等各种不同山岩组成。辽东半岛突出于渤海及黄海中间，该处基岩海岸多由石英岩组成。山东半岛插入黄海中，多为花岗岩形成的基岩海岸。杭州湾以南——浙东、闽北等地的基岩海岸多由花岗岩组成。闽南、广东、海南的基岩海岸多由花岗

基岩海岸　　　　　　　　　　　　基岩海岸俯视图

岩及玄武岩组成。

知识小链接

花岗岩

花岗岩是一种岩浆在地表以下冷凝形成的火成岩，主要成分是长石和石英。花岗岩硬度高、耐磨损，不易风化，外观色泽可保持百年以上，花岗岩除了用作高级建筑装饰工程、大厅地面的材料外，还是露天雕刻的首选之材。

◎ 卵石海岸

海滩上堆积大量碎玉般石块的海岸被称为卵石海岸。卵石的大小不一，比鹅卵大的、与鸡蛋大小相似的、比鹌鹑蛋还小的都有。卵石的形状也不相同，浑圆状、椭圆状、长椭圆状都有，其中以椭圆状的居多。它们色彩纷呈，红、黄、灰、黑、白、黑白相间、红黄辉映的应有尽有，美不胜收。许多在海边游玩的游人俯首寻觅卵石，各取所爱，乐而忘返。

卵石海岸在我国分布较广，多在背靠山地的海区。辽东半岛、山东半岛、广东、广西和海南都有这种海岸分布。

形成卵石海岸的物质，来源于两个方面：其一是山地山洪暴发形成的被河流所挟带的大量石块；其二是从基岩海岸侵蚀和崩塌下来的碎石。这些石块、碎石长期在波浪的冲击下，原来的棱角被磨平，变得圆滑，堆积起来，形成了卵石海岸。

卵 石

◎ 沙质海岸

在夏季酷暑难熬的时候，人们最好的消暑休闲去处当数海滨浴场了。成千上万的人在海中游泳嬉戏，在沙滩上、在太阳伞下静卧的人悠然自得。这些沙滩都是由金色的、银色的沙粒堆积而成。金沙银沙铺起了连绵不绝的沙质海岸。松软的沙滩、绚丽的色调使人们对它一往情深。沙质海岸主要分布在山地、丘陵沿岸的海湾。山地、丘陵腹地发源的河流，携带大量的粗沙、细沙入海，除在河口沉积形成拦门沙外，随海流扩散的漂沙在海湾里沉积成沙质海岸。

沙质海岸

沙 滩

河北昌黎沿海的沙丘一般高 25 ~ 35 米，最高可达 40 米，成为平原上突起的"高山峻岭"。沙丘带的宽度约为 2 千米，长达 40 千米，面积约为 76 平方千米。沙丘向海一侧迎风坡的坡度为 6°～8°，向陆地一侧背风坡的坡度达到 30°～32°。金沙银沙堆成的海滨沙丘，在夏日阳光照射下，光彩夺目，分外壮观。人们把昌黎沙质海岸称为黄金海岸。这不仅是因为它具有金子一样的外表，更为重要的是，通过海岸开发，发展旅游业，将会获得丰厚的回报，可谓寸土寸金之地。

知识小链接

坡　度

　　坡度是用以表示斜坡的斜度，常用于标记丘陵、屋顶和道路的斜坡的陡峭程度，通常把坡面的垂直高度和水平宽度的比叫坡度。坡度的表示方法有百分比法、度数法、密位法和分数法四种，其中以百分比法和度数法较为常用。

◎ 淤泥质海岸

　　淤泥质海岸主要是由细颗粒的淤泥组成。每粒的平均直径只有 0.01～0.001 毫米。我国淤泥质海岸分布在渤海的辽东湾、渤海湾、莱州湾及黄海的苏北平原海岸。淤泥质海岸与河流有密切的关系，河流是淤泥质海岸的生命源。有河流存在，淤泥质海岸就兴旺发展；失去了河流，淤泥质海岸就萎缩后退。上述的我国淤泥质海岸与在这里入海的辽河、黄河、海河等有关，特别

风暴潮

是黄河，把大量泥沙搬运入海，在沿海形成广阔平坦的淤泥质海岸。

知识小链接

风 暴 潮

　　风暴潮是一种灾害性的自然现象，又可称"风暴增水""风暴海啸""气象海啸"或"风潮"。是由于剧烈的大气扰动，如强风和气压骤变导致海水异常升降，使受其影响的海区的潮位大大地超过平常潮位的现象。

　　我国的淤泥质海岸坦荡无垠，其坡降在 0.5‰ 左右。高低潮线之间的滩涂宽度一般为 3～5 千米，宽的地方可超过 10 千米。淤泥质海岸靠近大潮高潮线的滩地被称为高潮滩。那里是整个滩涂地势最高、离海最远的地方。一般高潮时，海水涨不到这一地带，只有在发生大潮或风暴潮时，潮水才能将其淹没。这里裸露的滩面受强烈的蒸发作用的影响，表层脱水干缩，形成许多不规则的裂纹。这些裂纹与龟壳上的图案很相似，因而被称为龟裂纹。滩面脱离海水的时间越久，龟裂现象就越明显，龟裂带的宽度可达几百米。而发生大潮时，海水到达高潮滩，龟裂纹消失，滩面又恢复潮湿平整的面貌。

淤泥质海岸

◎红树林海岸

　　红树林是生长在海水中的森林，是生长在热带、亚热带海岸及河口潮间带特有的森林植被。它们的根系十分发达，盘根错节屹立于滩涂之中。它们具有革质的绿叶，油光闪亮。它们与荷花一样，出淤泥而不染。涨潮时，它们被海水淹没，或者仅仅露出绿色的树冠，仿佛在海面上撑起一片绿伞。潮水退去，则是一片郁郁葱葱的森林。

红树植物有 10 余种，有灌木也有乔木。因其树皮呈红褐色，所以被称为红树。红树的叶子不是红色，而是绿色。枝繁叶茂的红树林在海岸形成的是一道绿色屏障。

红树林发育在潮滩上。这里很少有其他植物立足，唯有红树林抗风防浪，组成独特的红树林海岸。

红树林是生长在海水中的森林

红树具有高渗透压的生理特征。由于渗透压高，红树能从沼泽性盐渍土中吸取水分及养料，这是红树植物能在潮滩盐土中扎根生长的重要条件。

拓展阅读

红树林中的常见动物

红树林里的动物主要是海生的贝类，常见的有筛目贝、砗蠓、栉孔扇贝、糙鸟蛤和马蹄螺、凤螺和几种寄居蟹。在红树林水域有多种浮游生物，常见的硅藻有根管藻、角毛藻、半管藻、辐杆藻、三角藻、圆筛藻等。浮游动物则有新哲水蚤、波水蚤、真哲水蚤、丽哲水蚤等。红树林里还有各种鸟类，多半属水鸟和海鸥一类。

红树的根系分为支柱根、板状根和呼吸根。一棵红树的支柱根可有 30 余条。这些支柱根像支撑物体最稳定的三脚架结构一样，从不同方向支撑着主干，使得红树风吹不倒，浪打不倒。这样的红树林，对保护海岸稳定起着重要的作用。

最有趣的是红树植物繁殖的"胎生"现象。红树植物的种子成熟后在母树上萌发。幼苗成熟后，由于重力作用离开母树下落，插入泥土中。这种

"胎生"现象在植物界是很少见的。更使人们惊奇的是，幼苗落入泥中几个小时就可在淤泥中扎根生长。有时从母树上落下的幼苗平卧于土上，也能长出根，扎入土中。当幼苗落至水中时，它们随海流漂泊。有时在海水中漂泊几个月，甚至长达一年也未能找到它生长所需的土壤。

◎ 珊瑚礁海岸

在蔚蓝色的海面下，盛开着色彩艳丽的"石花"。色彩斑斓的热带鱼在"石花"中欢快地穿梭往来，上下漫游。一簇簇一枝枝红色、绿色、白色的"石花"与大红大紫的鱼群交相辉映。这既是一幅美丽动人的图画，又是一曲海洋生命的礼赞。"石花"学名为珊瑚。它是一种较高级的腔肠动物，是生长在海洋中不能移动的动物。

珊瑚礁海岸

你知道吗

珊瑚礁是重要的矿产资源

珊瑚礁是丰富的矿产资源，礁灰岩是多孔隙岩类，渗透性好，有机质丰度高，储存了大量油气。大型油气田多产于古代的堡礁中。珊瑚礁及其泻湖沉积层中，还有丰富的煤炭、铝土矿、锰矿、磷矿等矿藏。

珊瑚对生长地有着严格的要求，最适宜珊瑚生长的海水温度为 25～29℃。它洁身自好，对于不清净的海水难以忍受。它既不嗜盐如命，又不喜欢清淡的海水，要求海水盐度保持在 27‰～35‰。它喜欢海水中具有新鲜而充足的氧气。它生长的深度不超过 40～60 米。由于珊瑚对生长条件的要求比较严格，所以珊瑚只能生长在具备它所需条件的热带、亚热带海区，以及暖流影响到的温带地区。珊瑚的生长界线，主要在赤道两侧南纬28°～北纬28°的海域。

珊瑚骨骼

许多死亡的造礁珊瑚骨骼与一些贝壳和石灰质藻类胶结在一起，形成大块具有孔隙的钙质岩体，像礁石一样坚硬，因而被称为珊瑚礁。在浅水区域形成的近岸珊瑚礁，构成了风光绚丽的珊瑚礁海岸。在我国海岸类型中，珊瑚礁海岸是重要的类型之一。

▶ 星罗棋布的海岛

有一位老航海家曾经说过："海洋里的岛屿，像天上的星星，谁也数不清。"这句话形容了世界海岛之多。到目前为止，全世界海洋中究竟有多少岛屿，很难说出一个准确数目来。有人说20万左右，有人说10万左右。哪一种说法更接近实际的数目呢？这要看你用什么方法和标准去计算。

知识小链接

珊瑚礁

珊瑚礁是以珊瑚骨骼为主骨架，辅以其他造礁及喜礁生物的骨骼或壳体所构成的钙质堆积体。珊瑚礁为许多动植物提供了生活环境，其中包括蠕虫、软体动物、海绵、棘皮动物和甲壳动物。此外珊瑚礁还是大洋带的鱼类的幼鱼生长地。

岛 屿

在海洋里，有些地方在水面上露出一块几平方米的礁石。有些地方的珊瑚礁像一串串珍珠，散布在海面上，潮水退下时，便露出一排排的礁石；海水涨上来时，便被淹没在水下。如果把这些只要露出海面的礁滩都算作是岛屿的话，那么，说世界上有20多万个岛屿，可能有一定道理。

如果根据世界各国出版的地图书中发表的海岛数目统计，世界上有10万个左右海岛的说法，是有一定根据的。但是，世界各国统计计算的标准、方法也不完全一样：有的把10平方米以上，或100平方米以上的礁石就算作海岛；有的把500平方米，甚至1平方千米以上海洋中的小块陆地才算作岛屿。显然，标准、方法不同，所统计的数目也就不同。如印度尼西亚，它是世界上海岛最多的国家，印尼政府有关部门统计该国海岛数为13 000多个，而印尼海军统计该国海岛数为17 000多个。一个国家不同部门统计的海岛数目就相差约4000个。全世界岛屿的面积共约977万平方千米，占陆地总面积的$\frac{1}{15}$。

拓展阅读

我国的大陆岛

我国大陆岛占我国海岛总数的90%之多，面积占我国海岛总面积的99%左右。我国的大陆岛绝大多数为基岩岛，主要分布于大陆沿岸和近海，呈现南多北少的格局。我国的第一大岛台湾岛和第二大岛海南岛都是大陆岛。

◎ 山川秀丽的大陆岛

什么是大陆岛呢？大陆岛实际是原来大陆的一部分，多分布在离大陆不远的海洋上。大陆岛主要是由陆地局部下沉或海洋水面普遍上升形成的。下沉的陆地，低的地方被海水淹没，高的地方仍露出水面。露出水面的那部分陆地，就成为岛屿。我国的舟山群岛、台湾岛、海南岛以及沿海的一些小岛，都是这样形成的大陆岛。还有些大陆岛，如新西兰、马达加斯加等，是地质历史上大陆在漂移过程中被甩下的小陆地。大陆岛有大岛也有小岛，在地貌上，大陆岛保持着和大陆相同或相似的特征。

◎ 千姿百态的海洋岛

海洋自身的岛屿，其物质来源于海底火山熔岩和火山灰或造礁珊瑚的骨骼，在地质结构上与大陆没有关系，一般远离大陆，这种岛叫海洋岛。但我国的海洋岛都位于大陆架或大陆坡阶地上，地质构造与大陆有间接的联系。例如，海底火山形成的澎湖列岛就位于台湾海峡的大陆架上，珊瑚岛形成的南海诸岛又位于南海大陆坡上。由于组成海岛的物质结构与大陆不同，海洋岛的地貌形态和植被也独具特色：火山岛呈凸起网锥形，珊瑚岛则呈低平条状，动植物种类明显少于大陆岛。

◤ 千姿百态的海底

海底是地球表面的一部分。海底并非我们想象中那么平坦。倘若沧海真的变成了桑田，你就会发现，海底世界的面貌和我们居住的陆地十分相似：有雄伟的高山、深邃的海沟与峡谷，还有辽阔的平原。世界大洋的海底像个大水盆，边缘是浅水的大陆

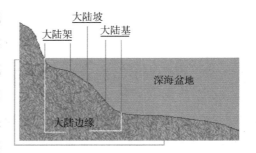

大陆坡示意图

架，中间是深海盆地，洋底有高山深谷及深海大平原。位于太平洋的马里亚纳海沟深得让人难以置信，如果把世界最高峰放进去，都不会露出水面分毫。

人们通过地震波及重力测量，了解海底地壳的结构。海洋地壳主要是玄武岩层，厚约为 5 千米；而大陆地壳主要是花岗岩层，平均厚度为 33 千米。大洋底一直都在更新和不断成长，每年扩张新生的洋底大约有 6 厘米。洋中脊，是大洋底隆起的"脊梁骨"，世界大洋中脊总长约为 8 万千米，约占洋底面积的 $\frac{1}{3}$，海底扩张就从这儿起始。

根据大量的海深测量资料，人们已清楚知道，海底的基本轮廓是这样的：沿岸陆地，从海岸向外延伸，是坡度不大、比较平坦的海底，这个地带叫"大陆架"；再向外是相当陡峭的斜坡，急剧向下直到 3000 米深，这个斜坡叫"大陆坡"；从大陆坡往下便是广阔的大洋底部了。在整个海洋中，大陆架和大陆坡占 20% 左右，大洋底占 80% 左右。

你知道吗

世界第二深海沟——
太平洋汤加海沟

太平洋汤加海沟是世界第二深海沟，位于太平洋中南部汤加群岛以东，北起萨摩亚群岛，南接克马德克海沟，全长 1375 千米，宽约 80 千米。平均深 6000 米，最深达 10 882 米。

大陆架浅海的海底地形起伏一般不大，上面覆盖着一层厚度不等的泥沙碎石，它们主要是河流从陆地上搬运来的。但是，有的地方，如南北美洲太平洋沿岸、地中海沿岸，山脉紧靠海边，海底地形就比较崎岖陡峭；有的地方，如我国黄海沿岸，大河下游的河口海湾一带，陆地上地势平坦，海底也是起伏不大的宽广的大陆架。

大洋底部位于海底几千米深处。洋底主要是深水盆地、深海大平原、规模宏大的海底山脉和海底高原，还有一些孤立的洋底火山、巨大的珊瑚岛礁等。这些地形与陆地地形不同，是在海洋中形成的。大洋底部表面覆盖着一层厚度不大的海底沉积物，被称为深海软泥。

海底为什么有这样的轮廓？大陆架、大陆坡与大洋底为什么有如此巨大的差异性呢？这是由海底的地壳构造决定的。

在整个海底世界，大洋底约占海洋总面积的80%。宏伟的海底山脉、广漠的海底平原、深邃的海沟，上面均覆盖着厚度不一、或红或黑的沉积物，把大洋底装点得气势磅礴、雄伟壮丽。

海底山脉俯视图

🔶◎ 大陆架

大陆架上的石油井架

大陆架是大陆的自然延伸，坡度一般较小，起伏也不大。世界大陆架总面积为2700多万平方千米，占海洋总面积的8%，平均宽度约为75千米。大陆架浅海靠近人类的居住地，与人类关系最为密切，大约90%的渔业资源来自大陆架浅海。人类自古以来在这里捕鱼、捉蟹、赶海，享"鱼盐之利，舟楫之便"。随着生产的发展，人们又在这里开辟浴场、开采石油，利用这里的阳光、沙滩和新鲜空气，开辟旅游度假区。

在许多浅海海底有蜿蜒曲折的水下河谷，有趣的是它们常常可以同陆地的河谷相对应起来。像北美的哈德孙水下河谷就很明显，它沿东南方向伸到大西洋底，顶端是浅平的半圆形，向"下游"逐渐变深，最深处在海面以下100米，而谷地两旁的海底深度只有40米。哈德孙水下河谷的下游出口处呈三角形散开，就好像河流入海的宽大河口。在东南亚，苏门答腊与加里曼丹之间的其他大陆架上，有着树枝状的水下河谷系统，一条向北流，一条向南流。两条水下河谷的海底"分水岭"，就是两条微微上凸的海底高地。这两条水下河谷底部都是慢慢地向下游倾斜的，它们的横剖面与平面外形同陆地上的河谷简直一模一样。另外，在欧洲西北部围绕着英伦三岛的一片广阔的大陆架浅海底，也有几条极为明显的水下河谷。现在地图上的易北河、莱茵河和威悉河都是分开单独入海的，如果把它们各自的水下河谷连接起来，那么可以看到，它们入海后通过各自海底的河谷，向北延伸，最后三条河谷汇合一起"注入"北海了。从法国、英国注入大西洋的河流，不少是同海底水下河谷相连接的，甚至英吉利海峡的本身，就是一条通向大西洋的海底谷地。

为什么它们如此酷似陆地上的河谷？这同大陆架的形成有密切的关系。

原来，大陆架曾经是陆地的一部分，只是由于海平面的升降变化，使得陆地边缘的这一部分，在一个时期里沉溺在海面以下，成为浅海的环境。

◎ 大陆坡与峡谷

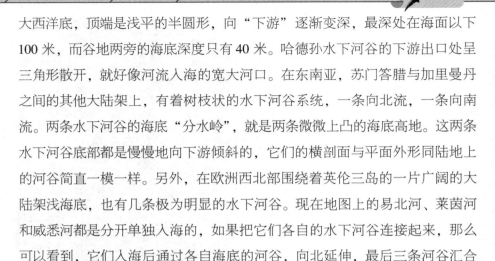

由大陆架向外伸展，海底突然下落，形成一个陡峭的斜坡，这个斜坡叫大陆坡。它像一个盆的周壁，又像一条绵长的带子缠绕在大洋底的周围。大陆坡的宽度在各大洋不一样，从十几千米到几百千米，平均宽度约为70千米，坡度为几度至20多度，平均

大陆架示意图

为4°30′，是地球上最绵长、最壮观的斜坡。全球大陆坡总面积约为2800万平

拓展阅读

大陆坡的坡度

　　大陆坡的坡度很陡，坡度变化从几度到20多度不等，太平洋大陆坡的平均坡度为5°20′，大西洋大陆坡的平均坡度为3°5′，印度洋的大陆坡平均坡度为2°55′。大陆坡的表面极不平整，而且分布着许多巨大、深邃的海底峡谷。

方千米，约占海洋总面积的12%。坡麓横切着许多非常深的大峡谷，称为海底峡谷，规模同陆地上穿过山脉的山涧峡谷相比既深且大。

　　按照地形特点，大陆坡有两种。一种地形比较简单、坡度比较均一，像北大西洋沿北美洲、欧洲及巴伦支海等地的大陆坡。这类大陆坡上半部是个陡壁，岩石裸露缺乏沉积物，向下大约2000米深处，大陆坡的坡度突然

变得非常平缓，深度逐渐增加，成为一个上凹形的山麓地带。顺着大陆坡的斜面上，有一系列互相平行的"海底峡谷"，把大陆坡切开。另一种大陆坡，地形复杂，坡面上有许多凹凸不平的地形，主要分布在太平洋。南海的大陆坡就属于这一类，坡面上常常呈一系列的台阶，是一些棱角状的顶平壁陡的高地，与一些封闭的平底

海底峡谷

凹地交替着分布。平顶高地上有一些粗大的砾石岩屑，而平底凹地里堆积着一些杂乱的沙子、石块和软泥。这类大陆坡上的海底峡谷谷底也呈阶梯状。除了这两类以外，大河河口外围的大陆坡，常常是坡度比较平坦的，整个斜坡盖满从大河带来的泥沙。

知识小链接

河 谷

　　河谷是河水所流经的带状延伸的凹地。河谷内包括了各种类型的河谷地貌。河谷可分为谷底和谷坡两部分。谷底包括河床、河漫滩；谷坡是河谷两侧的岸坡。谷坡与谷底的交界处称谷坡麓，谷坡与原始山坡或地面的交界处，称为谷肩或谷缘。上游河谷狭窄多瀑布，中游展宽，发育河漫滩，下游河床坡度较小，多形成曲流，河口形成三角洲或三角湾。

　　大多数海底峡谷在大陆坡上只存在一段，向上到大陆架，向下到大洋底就消失，与陆地上河流无关。但也有些海底峡谷可以同陆地上的河流联系起来，像北美东海岸的哈德孙海底峡谷，它的源头是哈德孙河，河流注入海洋。在大陆架海底有个浅平的水下河谷，深度在海底以下30米，但宽度有7千米，到大陆架边缘，深度（低于海底）是40米，而宽度达到25千米，显然水下河谷在大陆架是一条笔直的浅平的低洼地。与这水下河谷相接的是大陆坡上的海底峡谷，它从顶部水深150米开始沿大陆坡向下一直到2400米深的洋底。而它在海底下切的深度，几乎整条海底峡谷都超过1000米。它的尾端进入2000多米深的洋底后，就逐渐消失。

◎ 深邃的海沟

　　在太平洋西侧，有一系列的群岛自北而南呈弧状排列着。它们是阿留申群岛、千岛群岛、日本群岛、台湾岛、菲律宾群岛、小笠原群岛和马里亚纳群岛等，人们称它们为"岛弧"。岛弧像一串串珍珠，整齐地点缀在太平洋与它的边缘海之间。

　　无独有偶。与岛弧的这种有趣的排列相呼应的是，在岛弧的大洋一侧，几乎都有海沟伴生。诸如阿留申海沟、千岛海沟、日本海沟、琉球海沟、菲律宾海沟和马里亚纳海沟等，几乎一一对应，也形成一列弧形海沟。岛弧与海沟像是孪生姐妹，形影相随，不离不弃；一岛一沟，显得奇特可贵。其他的大洋也有群岛与海沟伴生的现象，如大西洋的波多黎各群岛与波多黎各海沟等；地质构造上也大同小异，不过没有太平洋西部这样集中，也不这么突出和典型罢了。如此有趣的安排是大自然的内在力量的体现，是大洋底与相邻陆地相互作用的结果。

海沟是海洋中最深的地方。它却不在海洋的中心，而是位于大洋的边缘。世界大洋约有 30 条海沟，其中主要的有 17 条，属于太平洋的就有 14 条，且多集中在西侧，东边只有中美海沟、秘鲁海沟和智利海沟 3 条。大西洋有 2 条，是波多黎各海沟和南桑威奇海沟。印度洋有 1 条，叫爪哇海沟。

海沟的深度一般大于 6000 米。世界上最深的海沟在太平洋西侧，叫马里亚纳海沟。它的最深点查林杰深渊最大深度为 11 034 米，位于北纬 $11°21'$，东经 $142°12'$。如果把世界屋脊珠穆朗玛峰移到这里，将被淹没在水下。海沟的长度不一，从 500 千米到 4500 千米不等。世界最长的海沟是印度洋的爪哇海沟，长达 4500 千米。有些人把秘鲁海沟、智利海沟合称为秘鲁—智利海沟，其长度有 5900 多千米。据调查，这两条海沟虽然靠近，几乎首尾相接，但中间有断开，目前尚未衔接起来。海沟的宽度为 40 ~ 120 千米，全球最宽的海沟是太平洋西北部的千岛海沟，其平均宽度约为 120 千米，最宽处大大超过这个数，但在大洋底的构造里，算是最窄的地形了。

◎ 大洋中脊

人有脊梁，船有龙骨。这是人和船成为一定形状的重要支柱。因而人能立于天地之间，船能行于大洋之上。海洋也有脊梁，大洋的脊梁就是大洋中脊，它决定着海洋的成长。

1873 年，"挑战者"号船上的科学家在大西洋上进行海洋调查，用普通的测深锤测量水深时，发现了一个奇怪的现象，大西洋中部的水深只有1000米左右，反而比大洋两侧浅得多。这出乎他们的预料，按照一般推理，越往大洋的中心部位，应该越深。为打消这个疑虑，他们又测了几个点，结果还是如此，他们把这个事实记录在案。1925—1927年，德国"流星"号调查船利用

"流星"号考察船

回声测深仪，对大西洋水深又进行了详细的测量，并且绘出了海图，证实了大西洋中部有一条纵贯南北的山脉。这一发现，引起了当时人们的震惊，吸引了更多的科学家来此调查。大西洋中部的这条巨大山脉，像它的脊梁，因而给它取名叫"大西洋中脊"。

大西洋中脊的峰是锯齿形的，分布在大西洋中间，大致与东西两岸平行，呈"S"形纵贯南北。自北极圈附近的冰岛开始，曲折蜿蜒直到南纬40°，长达1.7万千米，宽为1500～2000千米，约占大西洋的$\frac{1}{3}$。其高度差别很大，许多地方高出海底5000多米，平均高度为3000多米。高出海面部分，成了岛屿，如冰岛就是大洋中脊高出水面的一部分。这样巨大规模的山脉，是陆地上任何山脉无法比拟的。更为奇特的是，在大洋中脊的峰顶，沿轴部还有一条狭窄的地堑，叫中央裂谷，宽为30～40千米，深为1000～3000米。它把大洋中脊的峰顶分为两列平行的脊峰。

许多观测表明，在中央裂谷一带，经常发生地震，而且还经常地释放热量。这里是地壳最薄弱的地方，地幔的高温熔岩从这里流出，遇到冷的海水凝固成岩。经过科学家研究鉴定，这里就是产生新洋壳的地方。较老的大洋底，不断地从这里被新生的洋底推向两侧，更老的洋底被较老的推向更远的地方。随后，人们在印度洋和太平洋也相继发现了大洋中脊。

知识小链接

北极圈

北极圈是指北寒带与北温带的界线，其纬度数值为北纬66°33′，其以内大部分是北冰洋。北极圈的范围包括了格陵兰岛、北欧和俄罗斯北部，以及加拿大北部。北极圈内岛屿很多，最大的是格陵兰岛。由于严寒，北冰洋区域内的生物种类相对较少。植物以地衣、苔藓为主，树木稀少，动物有北极熊、海豹、鲸等。

大洋的洋中脊是彼此互相联结的一个整体，是全球规模的洋底山系。它起自北冰洋，纵贯大西洋，与印度洋、太平洋连接，北上直达北美洲沿岸，全长达 8 万多千米，相当于陆地山脉的总和。

◎ 海底火山与平顶山

海底火山的分布相当广泛，大洋底散布的许多圆锥山都是它们的杰作。火山喷发后留下的山体都是圆锥形状。据统计，全世界共有海底火山 2 万多座，太平洋就拥有一半以上。这些火山中有的已经衰老死亡，有的正处在年轻活跃时期，有的则在休眠，不一定什么时候苏醒又"东山再起"。现有的活

知识小链接

断裂带

断裂带亦称"断层带"。是由主断层面及其两侧破碎岩块以及若干次级断层或破裂面组成的地带。在靠近主断层面附近发育的有构造岩，以主断层面附近为轴线向两侧扩散，一般依次出现断层泥或糜棱岩、断层角砾岩、碎裂岩等，再向外过渡为断层带以外的完整岩石。

海底火山爆发

火山，除少量零散分布在大洋以外，绝大部分在岛弧、中央海岭的断裂带上，呈带状分布，统称海底火山带。太平洋周围的地震火山，释放的能量约占全球的80%。美国的夏威夷岛就是海底火山的功劳。它占地1万多平方千米，有十几万居民，气候湿润，森林茂密，土地肥沃，盛产甘蔗与咖啡，山清水秀，有良港与机场，是旅游的胜地。夏威夷岛上至今还留有5个盾状火山，其中冒纳罗亚火山海拔4170米，它的大喷火口直径达5000米，常有红色熔岩流出。1950年曾经大规模地喷发过，是世界上著名的活火山。

海底山有圆顶，也有平顶。平顶山的山头好像是被什么力量削去的。以前，人们也不知道海底还有这种平顶的山。第二次世界大战期间，为了适应海战的要求，需要摸清海底的情况，便于军舰潜艇活动。美国科学家、普林顿大学教授赫斯当时在"约翰孙"号任船长，接受了美国军方的命令，负责调查太平洋洋底的情况。他带领全舰官兵，利用回声测深仪，对太平洋海底进行了普遍的调查，发现了数量众多的海底山，它们或是孤立的山峰，或是山峰群，大多数成队列式排列着。这是由裂谷缝隙中喷溢而出的火山熔岩形成的。这种奇特的平顶山有高有矮，

拓展阅读

海底火山喷发

海底火山喷发时，在水较浅、水压力不大的情况下，常有壮观的爆炸，这种爆炸性的海底火山喷发时，产生大量的气体，气体主要是来自于地球深处的水蒸气、二氧化碳及一些挥发性物质，还有大量火山碎屑物质及炽热的熔岩喷出，在空中冷凝为火山灰、火山弹、火山碎屑。

大都在 200 米水下，有的甚至在 2000 米水下。凡水深小于 200 米的平顶山，赫斯称它为"海滩"。1946 年，赫斯正式命名水深大于 200 米的平顶山为"盖约特"。

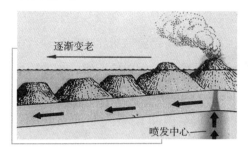

海底平顶山示意图

赫斯发现海底平顶山之后，非常纳闷。他苦苦思索着：山顶为什么会那么平坦？滚圆的山头到哪儿去了？后来，科学家们经过研究终于解开了这个谜。原来海底火山喷发之后形成的山体，山头当时的确是完整的。如果海底火山的山头高出海面很多，任凭海浪怎样拍打冲刷，都无法动摇它，因为海底火山站稳了脚跟，变成了真正的海岛，夏威夷岛就是一例。倘若海底火山一开始就比较小，处于海面以下很多，海浪的力量达不到，山头也安然无恙。只有那些不高不矮、山头略高于海面的，海浪趁它立足不稳，拼命地进行拍打冲刷，年深日久，就把山头削平了，成了略低于海面、顶部平坦的平顶山。

◎ 海底温泉

现在的海底有无温泉？海底的温泉是什么样子？近几十年来，经过科学家反复调查，发现现在的大洋底也有温泉，可惜一般人无法看到。只有等到有朝一日，具备了到大洋底旅游的条件时，大家才可能去一饱眼福。

1977 年 10 月，美国科学家乘"阿尔文"号深潜器，来到东太平洋

烟囱状喷射扎长 1～30 米，直径 1～30 米

耸立在海底的黑烟囱

海底黑烟囱

海隆的加拉帕格斯深海底，在不断裂谷地进行考察时惊奇地发现：这里的海底上耸立着一个个黑色烟囱状的怪物，它的高度一般为 2 ~ 5 米，呈上细下粗的圆筒状。从"烟囱"口冒出与周围海水不一样的液体，这里的温度高达 350℃。在"烟囱"区附近，水温常年在 30℃ 以上，而一般洋底的水温只有 4℃。可见，这些海底"烟囱"就是海底的温泉。

在如此高温的大洋底，有活着的生物吗？科学家进一步考察，发现在海底温泉口周围，不仅有生物，而且形成了一个新奇的生物乐园：有血红色的管状蠕虫，像一根根红色塑料管，最长的达 3 米，横七竖八地排列着。它用血红色肉芽般的触手，捕捉、滤食水中的食物。科学家称这里为"深海绿洲"。这里处在水下几千米的海底，没有阳光，不能进行光合作用，没有海藻类植物，这里的动物靠什么生活呢？科学家们研究认为：这里水中的营养盐极为丰富，是一般海底的 300 倍，比生物丰富的水域也高 3 ~

海底温泉

4 倍。这里的海洋细菌，靠吞食温泉中丰富的硫化物而大量迅速地蔓延滋生；然后，海洋细菌又成了蠕虫、虾蟹与蛤的美味。在这个特殊的深海环境里，孕育出一个能在黑暗、高压下生存的生物群落。看来，"万物生长靠太阳"的说法，在这里不适用。

趣味点击   最耐高温、最耐温差的动物

在"海底烟囱"外壁上密密地长满了庞贝蠕虫的白色石管。管口温度是 20～24℃，管底温度为 62～74℃，最高温度为 81℃。庞贝蠕虫居然生活在温差高达 40～50℃（最高达到60℃）的管子里。蠕虫们还时不时地来到"室外"，在离它们的"居室"约 1 米的范围内游荡，而在 1 米处的水温已接近海底冷水，只有 2℃左右。庞贝蠕虫是目前所知地球上最耐高温、最耐温差的动物。

温泉，不但养育了一批奇特的海洋生物，还能在短时间内，生成人们所需要的宝贵矿物。那些"黑烟囱"冒出来的炽热的溶液，含有丰富的铜、铁、硫、锌，还有少量的铅、银、金、钴等金属和其他一些微量元素。当这些热液与 4℃的海水混合后，原来无色透明的溶液立刻变成了黑色的"烟柱"。经过化验，这些烟柱都是金属硫化物的微粒。这些微粒往上跑不了多高，就像天女散花般从烟柱顶端四散落下，沉积在烟

囱的周围，形成了含量很高的矿物堆。人们过去知道的天然成矿历史，是以百万年来计算的。现在开采的石油、煤、铁等矿，都是经历了千万年后才形成的。而在深海底的温泉中，通过黑烟囱的化学作用来造矿，大大地缩短了成矿的时间。一个黑烟囱从开始喷发，到最终"死亡"，一般只要十几年到几十年。在短短几十年的时间里，一个黑烟囱，可以累计造矿

显微镜下的海洋蠕虫

近百吨。而且这种矿，基本没有土、石等杂质，都是些含量很高的各种金属的化合物，稍加分解处理就可以利用。这是科学家在海底温泉的重大发现。

海底温泉多在海洋地壳扩张的中心区，即在大洋中脊及其断裂谷中。仅在东太平洋海隆一个长6千米、宽0.5千米的断裂谷底，就发现10多个温泉口。在大西洋、印度洋和红海都发现了这样的海底温泉。初步估算，这些海底温泉，每年注入海洋的热水，相当于世界河流水量的$\frac{1}{3}$。它抛在海底的矿物，每年达十几万吨。在陆地矿产接近枯竭的时候，这一新发现的价值之重大，就不言而喻了。

▶ 大海的"呼吸"——潮汐

海有涨潮落潮，大海中的海水每天都按时进行涨落起伏变化。古时，人们把白天的涨落称为"潮"，夜间的涨落称为"汐"，合起来叫"潮汐"。潮汐现象使海面有规律地起伏，就像人们呼吸一样。海水涨起来的时候，只见那海水像骏马一般，从大海远处奔腾而来，转眼间水满湾畔，惊涛拍岸，发出雷鸣般的轰鸣，飞沫四溅。至于退潮，则别有一番景致。只见海水渐次回落，转瞬间，被海水覆盖的金黄色沙滩、奇形怪状的礁石，都显露出来。

潮　汐

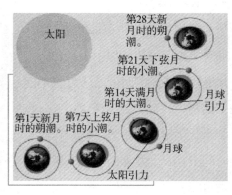

潮汐规律示意图

潮水为什么夜以继日、周而复始地运动着？是什么力量促使海水发生如此有规律的涨落？科学家经过长期观测，已经发现海洋潮汐现象与月亮的盈亏圆缺有密切的关系。潮汐是海水受太阳、月亮的引力作用而形成的。根据万有引力定律，两个物体之间都存在着相互吸引力；引力的大小，与它们的质量乘积成正比，而与它们之间的距离的平方成反比。

拓展阅读

潮汐的分类

根据潮汐周期可以将潮汐分为三类：半日潮型：一个太阳日内出现两次高潮和两次低潮。全日潮型：一个太阳日内只有一次高潮和一次低潮。混合潮型：一月内有些日子出现两次高潮和两次低潮，但两次高潮和低潮的潮差相差较大，涨潮过程和落潮过程的时间也不等，而另一些日子则出现一次高潮和一次低潮。

地球上各地的引潮力，随地、月之间的距离远近而变化，加上地球也不停地自转，随时变化着。所以，各地在不同时间，有着各种不同大小的潮汐涨落。

▶ 大海的"脉搏"——海浪

人有脉搏，医生通过人的脉象变化，能够诊断出病人的病情。大海也有脉搏，无论你什么时候见到大海，总是看到它在那里永不停息地波动着。波涛的起伏，多么像人的脉搏在跳动！根据大海的"脉搏"，不是"诊断"它的病情如何，而是能推知它的"脾气"好坏。在巨浪如山的时候，好像大海在"发怒"；在微波荡漾的时候，似乎大海还"心平气和"。千姿百态的波浪，反映着大海变化无常的复杂"状态"，也显示出它力量无穷的"巨大胸怀"。

海浪，是发生在海洋中的一种波动现象，海浪是由风产生的波动。海浪有多种类型，每一种海浪的类型、成因、传播方式不同，具有不同的特征。海浪"家族"的成员可按波长、周期分组。风浪的周期可在 1~25 秒、波长可在 1~500 米。波高是波谷与波峰之间的垂直距离，是由三个因素决定的：风程（风吹过的距离）、风的持续时间和风速。涌浪，指的是风停后或风速风

海 浪

向突变区域内存在下来的波浪和传出风区的波浪。近岸浪，指的是由外海的风浪或涌浪传到海岸附近，受地形作用改变波动性质的海浪。

在南北半球的中纬度地区的西风带，这里常年吹刮偏西风，风速又很大。在北纬 40°~60° 多为陆地阻隔，海上大风受此阻力，风速相应降低很多，而南纬 40°~60° 几乎全部被辽阔海洋所环绕，表层海水受风力的作用，也产生了自西向东的环流，由于常年吹刮西风，这个海区里风大浪高流急，航行的船只在这里犹如小球一样，在大浪中不断地上下剧烈颠簸，险象环生。很多海员谈起南半球的西风带都为

知识小链接

西风带

西风带是位于副热带高气压带与副极地低气压带之间的行星风带。副热带高气压带向副极地低压散发出来的气流在地转偏向力的作用下，偏转成西风（北半球为西南风，南半球为西北风），因此西风是西风带的盛行风。在其控制地区，西风一般比较强劲，海洋上风浪较大，陆地迎风坡地带温和多雨。

之变色。1991 年我国"极地"号南极考察船曾经过那里，当时在船上的记者描述的情景是："船于 1991 年 3 月 6 日航行到南纬 55°处，遇到 35 米/秒的强风，浪高达 20 米，山一样的巨浪呼啸着从船尾滚滚而至，将船尾部盘结的粗缆绳全部打散，冲入海里。后甲板上由铆钉固定的 1 吨重的蒸汽锅被连根拔起，像陀螺一样在甲板上滚来滚去，后甲板的门也被巨浪冲破……"这段触目惊心的报道证实了西风带给船只带来了多么大的威胁。

西风带的风力为什么如此巨大和持久呢？这主要由以下两个原因造成的。首先是地球自转对空气流动的方向起着主导作用，按大气环流总的结构，中纬度的气流是向极地输送。就是说，在北半球中纬度应为南风，南半球则为北风。但地球由西向东自转产生的偏向力，永远作用于前进方向的右侧，由此相应地

巨 浪

把南风转变成西南风，北风改变成西北风。而偏向力是随纬度增加而增大的，在中纬度这个力的作用是不容忽视的，这是西风带盛行西风最直接的因素。其次是中纬度地区温差大，热量消耗也大，上下对流旺盛。

知识小链接

纬 度

纬度是指某点与地球球心的连线和地球赤道面所成的线面角，其数值为 0°～90°。位于赤道以北的点的纬度叫北纬，记为 N，位于赤道以南的点的纬度称南纬，记为 S。

海浪给人们奉献了很多的益处，反被人们忽视。我们在海水浴场游泳，

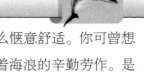

在平展洁净的沙滩上漫步，躺在上面沐浴着阳光，多么惬意舒适。你可曾想过，海滩上这均匀的沙粒、光滑浑圆的石子，都渗透着海浪的辛勤劳作。是它，把大石块击碎，把粗石磨成细沙，日夜不息，年深日久，把泥土淘走，洗净沙粒，把沙滩铺得平展展的，供人类享用。

◆ 大洋环流

大洋中的海水从来都不是静止不动的。它像陆地上的河流那样，长年累月沿着比较固定的路线流动着，这就是"洋流"。不过，河流两岸是陆地，而洋流两岸仍是海水。在一般情况下，洋流用肉眼是很难被看出来的。世界上最大的洋流，有几百千米宽、上千千米长、数百米深。大洋中的洋流规模非常大。洋流并不都是朝着一个方向流动的。在北太平洋，表层有一个顺时针环流；在南太平洋也有一个方向相反的环流，由南赤道暖流、东澳大利亚暖流、西风漂流和秘鲁寒流组成的逆时针方向的环流。在大西洋的南部和北部也各有一个环流，模样大体与太平洋相仿。北大西洋环流由北赤道暖流、墨西哥湾暖流、北大西洋暖流和加那利寒流组成；南大西洋环流由南赤道暖流、巴西暖流、西风漂流和本格拉寒流组成。印度洋有点特殊，只在赤道以南有

知识小链接

赤 道 洋 流

赤道洋流是在赤道南、北的低纬度海域，自东向西流动的洋流。赤道洋流是在东南信风和东北信风的作用下形成的。赤道以北的叫北赤道暖流，以南者称南赤道暖流。

个环流，位于印度洋中部赤道以北，由于洋域太小，又受陆地影响，形不成长年稳定的环流。由于季节不同，印度洋北部的洋流方向，随着季风改变，夏季是自东向西流，并在孟加拉湾和阿拉伯海形成两个顺时针的小环流；冬季则相反，洋流由西向东流。北冰洋由于位置特殊，又受大西洋洋流的支配，也只形成一个顺时针的环流。

　　大洋环流的形成，原因是多方面的。风、大洋的位置、海陆分布形态、地球自转产生的偏向力（称为科氏力）等都对大洋环流的形成施加了影响，可以说大洋环流的形成是许多因素综合作用的结果。风不仅能掀起浪，还能吹送海水成流。常年稳定的风力作用，可以形成一支长盛不衰的洋流。经久不停的赤道洋流，就是被信风带吹刮的偏东风而形成的。稳定的西风漂流，则要归功于强有力的西风带。所以，有人把海洋表层流，称为"风海流"。但是，大洋环流形成的"环"，却不能把功劳都记在风的账簿上，因为大陆的分布和地转偏向力的作用也非常重要。当赤道洋流一路西行，到了大洋西部边缘时，被大陆挡住了去路，摆在面前的只有两条出路，一是原路返回东岸，二是转弯。但是，因为"后续部队"浩浩荡荡、源源不断地跟进来，全部返回是不可能的，只好分出一小股潜入下层返回，成为赤道潜流；其余大部分只得拐弯另辟他途，继续前进。向哪里转弯呢？这时，地转偏向力帮助了它。在北半球，洋流受到地转偏向力的作用，便向右转，在南半球则使它向左转。加上大陆的阻挡，水到渠成，洋流便大规模地向极地方

趣味点击　哥伦布与大洋环流

　　当年，哥伦布率领船队从欧洲去美洲时，走一条距离较短的路线用了37天，而走另一条距离较长的路线却只用了22天，这是怎么回事呢？原来是洋流捣的鬼。走距离较短的路线时是逆北大西洋暖流的，时间自然长了。而走另一条距离较长的路线时却是顺着加那利寒流、北赤道暖流、墨西哥湾暖流的，时间自然短了。

向拐弯了。在洋流向极地方向进军途中，地转力一刻也不放松，拉偏的劲头越来越足，到南北纬40°左右时，强大的西风带与地转偏向力形成合力，使洋流成为向东的西风漂流。同样的道理，西风漂流到大洋东岸附近，必然取道流向赤道，从而完成了一个大循环。

海洋是风雨的故乡

刮风下雨像一对孪生兄弟，总是相伴而行。那么，地球上的风雨是从哪里来的呢？

不同的风雨，各有不同的成因和来源。但是，从地球宏观水循环的观点看问题，风雨起源于海洋，海洋是风雨的故乡。

在广阔的海面上，海水不断地蒸发进入大气层。海面上的气团就像一个吸满水的湿毛巾。湿气团上升成云，靠太阳和海洋供给的能量，由海面输送到大陆上空，又以雨雪形式降落到地面，再经江河返回海洋。地球上水的总

台风引发巨浪

量约为15亿立方千米，其中海水约为13.7亿立方千米。千百年来，如此循环不息，数量变化很小，这就是地球水的自然循环。风雨从海洋开始，又回到海洋，因此我们说海洋是风雨的故乡。

台风是一个典型的海陆水循环的气象事例。台风生成在赤道附近热带海洋上。赤道附近，太阳终年直射海面，海水吸收并储存了大量的太阳能量。海洋又不断地把水分和能量供给海面上的空气，海面上潮湿高温的空气加速旋转上升形成热带风暴。热带风暴产生于菲律宾以东的太平洋上，达到一定

强度，向我国和日本方向运动的被称为台风。在大西洋加勒比海生成，袭击美洲大陆的被称为飓风。

台风登陆带来狂风暴雨。台风所过之地，大风、洪水成灾。但是，台风带来的大量雨水对于人类还是大为有益的。亚洲、非洲、美洲大陆北纬30°一带地方，是地球上空气下沉地带，夏季被高气压控制，干旱少雨，形成大沙漠。幸亏台风带来的雨水，使我国的这一地带避免了沙漠化。台风带来充沛的雨水，有利于植物的生长和水库蓄水。

在地球上，海洋这个巨大的水体时时刻刻都在影响着大气。特别是赤

赤道海域

道海域，受太阳辐射的海水，把巨大的热量释放到大气中，受热的空气流上升后，向地球的两极运动。在大气系统的影响下，北半球成了顺时针流动的大洋环流，南半球成了逆时针流动的大洋环流。在大洋环流的影响下，又形成一些分支洋流，像是洋中大河。带着巨大热能的洋流，大量的热能被输送到沿途的大气中，这就形成各地不同的气候和风雨冰雪天气。在

台风卫星云图

大洋中，由于种种原因，寒暖流的流向不同，形成了千差万别的海洋环境。人们在长期的实践中认识到，海洋是风雨的故乡。

基本小知识

气 团

气团是指气象要素（主要指温度和湿度）水平分布比较均匀的大范围的空气团。气团的水平范围可达几千千米，垂直高度可达几千米到十几千米，常常从地面伸展到对流层顶。气团的分类方法主要有三种：第一种是按气团的热力性质不同，划分为冷气团和暖气团；第二种是按气团的湿度特征的差异，划分为干气团和湿气团，第三种是按气团的发源地，常分为北冰洋气团、极地气团、热带气团和赤道气团。

◆ 地球上的空调器——海洋

由于航空航天和通信等现代技术的进步，使居住在世界各地的人们感觉彼此的距离缩短了。住在世界各地的人们，休戚相关，地球似乎变得很小，像一个村庄，于是有人便提出"地球村"这个名词。如果把地球看成一个村庄或一个大城市的居民小区，海洋可不就是它的中央空气调节器吗？

海洋面积大，海水吸收热量的能力强

"万物生长靠太阳"。太阳能量射到地球，80% 以上被地球表面吸收，不到 20% 反射到空中。海洋面积大，海水吸收热量的能力强，储存能量的能力大。到达地球的大部分太阳能量被海洋吸收并储存起来，海洋成为地球上巨大的热能仓库。陆地表面吸收太阳热量能力差，而且集中在表层很浅的地方，储存能力也很差。白天热得快，夜晚也凉得快。这样一来，地球村热量的供应就主要由海洋来调节。海洋通过海水温度的升降和洋流的循环，并通过与大气的相互作用影响地球气候变化。

海洋不但通过大气调节地球气候，而且海洋浮游植物的光合作用，还向地球大气提供 40% 的再生氧气。另外 60% 的再生氧气是森林和其他地表植物提供给地球的。因此，人们把海洋与森林并称为地球的两叶肺。不过，地球的这两叶肺与动物的肺相反，它吸入二氧化碳，呼出新鲜氧气。

广角镜

浮游植物

浮游植物是指悬浮于水中的微小植物，通常浮游植物就是指浮游藻类，包括蓝藻门、绿藻门、硅藻门、金藻门、黄藻门、甲藻门、隐藻门和裸藻门八个门类的浮游种类，已知全世界藻类植物约有 40 000 种，其中淡水藻类有 25 000 种左右。

流动的海洋

　　海洋不是静止的，而是具有流动性的，"无风三尺浪"是澎湃的海洋最好的写照。海水朝着某个固定的方向流动形成了洋流。洋流有多种形式，有正向洋流，也有反向洋流；有暖流，也有寒流；有表层的流动，也有深层的流动；既有横向运动，也有剧烈的纵向运动。流动的海水带来了变幻万千的海洋气象，也带来了生机勃勃的海洋生态。

世界的洋流

地球表面的 70% 被海洋所覆盖。这些海洋被分为"四大洋":太平洋、大西洋、印度洋和北冰洋。

在这些海洋中,海水朝着某个固定的方向而流动,即所谓的"洋流"。

在日本列岛南侧,有一股向东流的洋流,并最终与北太平洋暖流合流。这股洋流在美国的远海是向南流的,然后又以北赤道暖流的形式流回西方,被称为加利福尼亚寒流。

这样,在北太平洋内形成了一个顺时针的大循环,被称为"亚热带循环"。

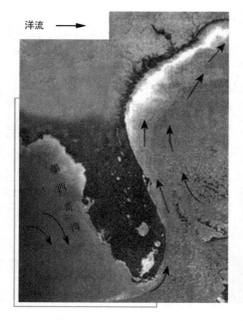

洋流 →

墨西哥湾

墨西哥湾暖流示意图

同样,北大西洋内的顺时针大循环,则由湾流(墨西哥湾暖流)、北大西洋暖流、加那利寒流与北赤道暖流所构成。

反方向流动的洋流也存在,如日本北部的千岛寒流、北大西洋的拉布拉多寒流与东格陵兰岛寒流。同样,在南半球的南太平洋、南大西洋与印度洋之间也有逆时针的洋流循环。这

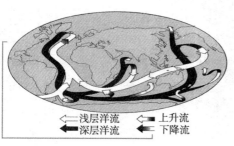

← 浅层洋流　← 上升流
← 深层洋流　← 下降流

海洋环流示意图

些洋流主要在风的驱动下流动,一种与风速平方成正比的"应力"为海水流

动的原动力。

北太平洋中风所产生的应力表现为：北纬 45°附近为偏西风，北纬 30°附近是亚热带高气压控制下的微风带，北纬 15°附近为东风，其南部为赤道无风带。

你可能会认为风直接吹动海水而形成洋流。而事实上，虽然在小范围内形成了以 3% 风速流动的表层洋流，但在数千千米的广阔海面上，情况则有所不同。

挪威探险家南森曾在 19 世纪末发现北冰洋的冰山在移动过程中与风向发生了 45°的偏移。换言之，海水被风吹动后会向右偏移。

拓展阅读

湾 流

湾流不是一股普通的洋流，而是世界上第一大海洋暖流，也称墨西哥湾（暖）流。墨西哥湾流虽然有一部分来自墨西哥湾，但它的绝大部分来自加勒比海。当南、北赤道暖流在大西洋西部汇合之后，便进入加勒比海，其中的一小部分进入墨西哥湾，再沿墨西哥湾海岸流动，洋流的绝大部分是急转向东流去，从美国佛罗里达海峡进入大西洋。这支进入大西洋的湾流起先向北，然后很快向东北方向流去，横跨大西洋，流向西北欧的外海，一直流进寒冷的北冰洋水域。

你知道吗

南森是诺贝尔和平奖获得者

弗里德持乔夫·南森是挪威的一位北极探险家、动物学家和政治家。他于 1888 年跋涉格陵兰冰盖和 1893—1896 年乘"弗雷姆"号横跨北冰洋的航行而在科学界出名。1922 年，南森还由于担任国际联盟高级专员所做的工作而获得诺贝尔和平奖。

因此，在北太平洋上，偏西风把海水吹向了南方，东风把海水吹向了北方。而亚热带微风带因海面上涨，而变成高压带。

与气象原理相同，海洋也会因海面的上涨方式不同而分别形成高压带或低压带（高压带上涨）。而洋流则沿着等压线在高压带的左侧流过。另外，海水流向风的右侧是指北半球，在南半球则正好相反。

　　南半球与北半球正好相反，环流着东南风、亚热带微风带及最南部的偏西风。南半球的海流则是在高压带的右侧流动。

　　那么，赤道附近又是如何呢？洋流方向与风向完全一致。西侧为高压带，东侧为低压带，而洋流是在低压带内流动，所以赤道附近形成了东流的赤道逆流。

➡ 日本暖流

　　日本暖流，是北太平洋上顺时针方向的亚热带循环中西侧的一环，日本南侧一洋流的名称。表面流速超过每秒 2 米，与北大西洋中的湾流（墨西哥湾是全球第二大暖流）一样，同属世界最大洋流。每秒带动 5000 万立方米的海水流动，所以如果洋流宽度为 100 千米的话，就意味着海面下 5000 米的海水以每秒 1 米的速度在流动。

　　现在，洋流研究多使用可用人造卫星追踪的漂流救生圈。投入到日本暖流中的救生圈，从北太平洋暖流（伊豆海岭的东侧被称为日本暖流的延续）出发，经加利福尼亚寒流、北赤道暖流，围绕北太平洋漂流一周后，历经 3 年的时间再度返回日本暖流。但这样得出的流速却只有每秒 20 厘米。

　　事实上，把一个救生圈投入海中，使之围绕北太平洋漂流一周，是一件相当困难的事。中途转向朝南，与北赤道暖流合流的情况经常出现。

　　但是，在日本暖流西部洋流的横向宽度较窄，所以流速很快，救生圈很难偏离主轨道。洋流在这一段急剧增强。

　　洋流之所以会增强，主要是地球自转的作用。半径约为 6370 千米的地球，24 小时自转一周。因此，赤道上的人相对宇宙空间（惯性定律）以每秒 464 米的速度向东移动。而自转半径随纬度升高而逐渐变小，因此在北纬

30°，速度减为每秒 402 米。

从北极向赤道抛出的一个物体，因相对地球有了自身的速度，因此对赤道上的人而言，该物体在向西做运动。相反的，在北半球运动的物体则偏向右方，南半球则偏向左方。如果没有这种转向力，因海风而形成的循环在东西方向大致为对称的。北上的洋流偏东，循环的中心西移，而位于西侧的北上洋流宽度变窄，流速增大。

知识小链接

等温线

等温线是等温线图上温度值相同各点的连线。等温线图表示同一时间等温线水平分布状况的地图。在地图上找出同一时间内气温相同的点，并连接成线，连接后的线就是等温线。不同地域的等温线弯曲程度也不同。

如前所述，洋流沿着等压线在流动，事实上海水的等温线与等压线极其接近。温度高的地方为高压带，温度低的地方为低压带。

当然，日本暖流并非简单地做直线运动，在纪伊半岛的深海中因冷水的影响，日本暖流被迫大幅度迂回，这一现象被称为大蛇行。大蛇行有时会持续数年，并且只出现在与伊豆海岭等海底地形有关的日本暖流中。

◉ 深层洋流

洋流在数百米的海洋上层时，流动的原驱动力仍来自海风。但深至数千米处时，洋流则是在一种因温度与盐度不同而产生的"压力"作用下流动的。

而恰恰在交界的 1000 ~ 2000 米处，洋流明显减弱。这是因为，在该深度时洋流在水平方向所受压力基本保持稳定。

实际上，在海洋上层的高压区内，海面是上涨的。假设日本暖流流经的南北海面有 1 米的高度差，那么，当日本暖流潮流经八丈岛（日本暖流中心区）时，岛北的水位比岛南高 1 米左右。

深　海

尽管海面的高度不同，但水下 1000 米处压力却大致相同。这是因为，海面上涨处（高压区）的海水密度较小，因此质量较轻。

当海水处于低温、高盐区时，密度较大（质量重），而处于高温、低盐区时密度较小（重量轻）。在前文中，日本暖流的高温区（海水轻）被等同于高压区，原因也是如此。在深海中，低温、高盐度的海水聚集处即为高压区。

那么，深层海水的温度与盐度的差异是如何产生的呢？

北太平洋的深处

海水的密度随着深度的加深而增大。因此，虽然日本南侧的海面在冬季因温度降低而密度增大，但其密度还是不会高过深层海水的密度。

北太平洋的深层海水在北上的过程中，因温度升高、盐度变小而导致密度不断变小。低温、高盐的海水则来自南极洲附近海域。

海水从海面下沉至深层的时间，可以通过碳元素的同位素比率来测得。通过该方法可以测得，世界上年龄最轻的深层海水位于北大西洋中。

日本南侧的深层海水，首先沉入北大西洋，然后在南极洲附近海域被再度冷却，最后流入北太平洋。全程大约需 2000 年。流入北太平洋的深层海水，在与上层温暖的海水混合后，再度涌出海面。

🖋 知识小链接

同 位 素

同位素是具有相同原子序数的同一化学元素的两种或多种原子之一，同位素在元素周期表上占有同一位置，化学性质几乎相同，但物理性质不同。自然界中许多元素都有同位素。同位素有的是天然存在的，有的是人工制造的，有的有放射性，有的没有放射性。

就这样，世界范围的深层海水在一条"传送带"上永不停歇地循环着。

涌出海面的海水继续前行，经过印度尼西亚诸岛海域后流入印度洋。为了研究上述循环的规模，现在世界各国专家正在共同研究流过印度尼西亚诸岛的海流的情况。

◀ 深层海水的温度与含盐度

地球上最深的海沟是马里亚那海沟。该海沟的深度最为精确的纪录是由日本探测艇于 1995 年 3 月 24 日测得的 10 911 米。

海水深度是通过计算从海面发出的声波抵达海底，然后发生反射再次回到海面所用的时间，再进一步换算而得到的。结果的差异主要是因为把时间换算成深度时对声速的不同规定而引起的。

海水的压力近似于海水的深度。温度计在海平面时显示数值为 29℃，随着深度加深，数值变小。在 5000 米深处，温度降至最低点 1.5℃，再继续下

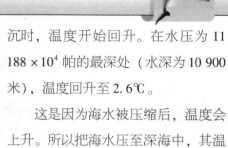

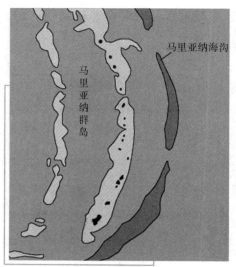

马里亚纳海沟

沉时，温度开始回升。在水压为 11 188 × 10⁴ 帕的最深处（水深为 10 900 米），温度回升至 2.6℃。

这是因为海水被压缩后，温度会上升。所以把海水压至深海中，其温度会上升，而当其再次回到海平面时，温度也会恢复。

海水被压至一定深度时的温度可以通过计算求得，其中"加入压力效果后的数值"就是深层海水被升至海面时的温度。海水深度超过 5000 米后，温度大致保持不变。

拓展阅读

海水含盐度

在全世界海洋中，海水的盐度平均值约为 34.7。在盐度为 35 的 1 千克海水中，含氯离子 19.34 克，钠离子 10.77 克，此外，还有硫、镁、钙、钾等成分。一般来说，外海的海水盐度较高，可达 35～36；近海，特别是河口区域的海水盐度可低于 30，这是因为陆地径流输入淡水的缘故。

含盐度的曲线比较复杂。海面海水盐度较低，据推测是因为海沟位于北纬 11°，受热带降雨影响较大所致。在水下 500 米处，海水盐度之所以较高，是因为这一深度的海水均来自蒸发旺盛的热带太平洋。

900 米深处的低盐度海水，则来自北方的千岛寒流。千岛寒流的水均来自于欧亚大陆的河流，所以盐度较低。因此，只要测出海水的含盐量，就可大致推断出其发源地。

海水的盐度是以实用食盐

中的含盐量为标准值的。具体数值一般是 33～35 （最初的标准值是 1 千克海水中溶解的固体物质的克数。数值与实用食盐的含盐量接近）。

还有一段时期曾以千分率为单位进行计算。但无论采取何种方式，从结果而言，海水的盐度都近似于生理盐水的浓度，生命的延生与海洋之间密不可分的关联不言而喻。

👁 世界各地的海水温度

世界各地的海水温度，存在着多大程度的差异呢？为了解答这一疑问，1989 年东京大学海洋研究所派出一艘名为"白凤丸"的研究船，对世界各地的海水温度进行了一次全面的考察。

大西洋洋面

从东京出发后，研究船沿着北纬 30°向东行进。在水深 100 米以上，海水温度大致相同，保持在 24～26℃。而等温线随着东进不断上移。

换言之，西方的海水比东方的海水温度高。而海水总是在比自己温度高的海水的左侧流动，因此在抵达加利福尼亚海之前，洋流是向南流动的。该洋流与北赤道暖流汇合后，开始北上。

研究船穿过巴拿马运河后，驶入大西洋。在迈阿密到葡萄牙海之间，海水等温线由西至东呈上升趋势，洋流南下。在西经 77°处与北上的湾流汇合。

在北纬 30°，太平洋与大西洋均有南下的洋流。在前文对日本暖流的介绍中曾阐述过亚热带循环在北纬 40°时洋流东流，20°处洋流较向西，而在中间的 30°附近，东流的洋流变为南下，最后与西向的洋流汇合。

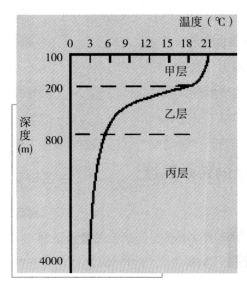

海水深度 – 温度示意图

下面比较一下太平洋与大西洋的水温。水深不足 100 米时，温度大致相同。

但在深海中，温度的差异却非常明显。在水下 800 米左右，太平洋的水温为 5℃，而大西洋为 10℃。大西洋的海水来自高温、高盐的地中海，而太平洋的海水则来自低温、低盐的千岛寒流。

研究船继续前行，穿过苏伊士运河后，抵达红海。红海中心区域深达 1700 多米，而南部入海口处的深度却不足 100 米。高温海水从南侧流入 100 米深处，一直到深层温度保持在 22℃ 左右。因红海纬度较低，即使冬天海水也不会被海洋上空的大气所冷却，所以不会变重而下沉。在太平洋的热带海域中，像红海这种深层海水与表层海水保持同等温度的封闭式内海也不鲜见。日本海的情况虽然也与之相似，入口（对马海峡）的深度只有 100 米，而中心区域深达 4000 米，但 300 米以下的海水全来自于西伯利亚海峡，均为冷却至 1℃ 的低温海水。

苏伊士运河

日本海

"白凤丸"顺着印度洋南下抵达赤道。北纬10°至赤道之间的100米深处的温度变化显著的一层（温度飞跃层）在赤道周围逐渐变浅。

知识小链接

千岛寒流

千岛寒流也称亲潮，发源于白令海峡，沿堪察加半岛海岸和千岛群岛南下，故名千岛寒流。千岛寒流经千山群岛向南，把大量的北冰洋冷海水送到太平洋。千岛寒流水温低，含氧量高，营养盐多。

虽同为水下100米，赤道处的海水温度比北纬10°处低10℃左右。这是因为从东边吹过来的信风把温暖的表层海水带到了北边，而为了弥补这一空缺，深层的低温海水涌至表层。

就这样，海水的温度不仅受到大气的影响，洋流的转向也会使其发生巨大的变化，并且海水通过改变温度，可以在高纬度处生成温暖的气候带，在热带生成阴凉的气候带，形成一个舒适的生态环境。

基本小知识

信　风

信风又称贸易风，指的是在低空从副热带高压带吹向赤道低气压带的风。在地球自转偏向力的作用下，风向发生偏离，北半球形成东北信风；南半球形成东南信风。南北半球上的信风带会随着季节的变化而发生有规律的南北移动。

上下运动的海水

海水并非仅仅以洋流的形式做横向运动，纵向运动也很剧烈。

在海洋上层，海水密度较小，质量较轻，而下层的海水密度很大，质量较重。海水盐度越高，温度较低，密度就会越大。例如，冬天海水降温，密度就会增大。

纯净水大约在4℃时达到最大密度。而有盐分的海水，最大密度出现在−2℃时。另外，海水结冰时，盐分被大量排出，周围海水的盐度升高，开始有下沉趋势。但即使如此，其密度还是低于深层海水，因此无法抵达海底。当然海水的"下沉"过程与铁块等的下沉过程是完全不同的。

测定离日本四国岛南端约400千米处的海洋中（北纬29°、东经135°）5000米深处的水温时，首先把浮标与重物用长绳相连，使浮标漂于水面，而重物沉于海底。然后在海面下0.2～200米的长绳上拴上12个温度计。

观测开始于4月份，此时从海面至水下120米深处，水温保持在20℃左右。但是，随后表层海水温度开始上升，7月份升至29.5℃，而水下23米处为26℃，水下114米处却依然保持4月份时的温度（20℃左右）。

同年8月份，23米处与34米处温度升至与表层海水相同。这是因为深层海水与表层海水相混合所致。同年9月份时，把浮

拓展阅读

浮 标

浮标是浮于水面的一种航标，是锚定在指定位置，用以标示航道范围、指示浅滩、碍航物或表示专门用途的水面助航标志。浮标在航标中数量最多，应用广泛，设置在难以或不宜设立固定航标之处。

标回收重新设置后，温度计的位置有些微小差异，表层海水温度开始下降，而深层海水因与表层海水混合，温度开始上升，最终与表层温度一致。次年 1 月份为观测的最后一个月，从表层至 140 米深的海水上下混合，温度统一在 21℃。

南极洲附近海域

夏天的表层海水在冬天会运动到水下 140 米深处。正因为海水的下沉，在海洋上层的某个深度海水的温度、密度才得以保持不变。

上述数据是日本暖流的情况，而在千岛寒流中，海水可以下沉至 800 米左右，但绝对不可能下沉到数千米深的海底。在北太平洋，表层海水盐度较低，密度无法超过下层的高盐度海水，因此无法下沉。

在前面对深层洋流的介绍中曾阐述过，全世界范围内海水可以下沉至深层的只有北大西洋。在那里，可以在约 3000 米的海底观测到表层海水，但因海水下沉的位置和时间很难推测，所以海平面与海底之间的温度混合层很难被观测到。

在 20 世纪 60 年代，开放式的一次核试验释放出大量的人造放射性物质。1974 年前后在北大西洋 5000 米的深海中，发现了其中一部分放射性物质。直到 1990 年，北太平洋的 1000 米深处才出现了放射性物质的反应。这一现象足以说明北大西洋的表层海水可以下沉至深海。而在北大西洋下沉的深层海水在南极洲附近海域进一步被冷却，从海洋底层运动到全世界的海洋中。

北大西洋航线

由美国、加拿大东海岸，横跨北大西洋至英国，然后分南北两线。南线沟通西欧或入地中海到达南欧、北非各国；北线入波罗的海，连接中欧和北欧诸国。世界上有 $\frac{1}{3}$ 的商船航运在这条航线上。

探索洋流

在海边散步，我们会发现许多漂流物品被冲上沙滩。

令人遗憾的是近来的漂流物多是塑料瓶之类的东西，但是偶尔也能发现一些漂流的木头或者椰子等物品。这些物品上有的吸附着藤壶等贝类，有的残留着海龟的爪痕，显然在海洋上漂流了很久。

只要我们能够调查出这些漂流物是从哪里漂来，也就可以推测出将它们带来的洋流是如何运动的了。

藤 壶

藤 壶

藤壶是附着在海边岩石上的一簇簇灰白色、有石灰质外壳的小动物。它的形状有点像马的牙齿，所以生活在海边的人们常叫它"马牙"。藤壶不但能附着在礁石上，而且能附着在船体上，任凭风吹浪打也冲刷不掉。藤壶在每一次脱皮之后，就要分泌出一种黏性的藤壶初生胶，这种胶含有多种生化成分和具有极强的黏合力，从而保证了它极强的吸附能力。

椰子肯定是顺着日本暖流从南方的岛屿漂流来的，而由日本海岸漂流出的物品则在美国的西雅图和阿拉斯加被发现。这一切说明在北太平洋上存在着一个被称为亚热带循环的顺时针洋流系统。

根据这一点，从很早以前人们就用漂流瓶的方式来调查洋流。其中流传较广的有郡司大尉的故事。据说郡司大尉受海洋学家和田雄治博士的委托，在明治

26 年（1893 年）的择捉岛向色丹岛施放了 400 枚漂流瓶。虽然最后只收回了 5 枚漂流瓶，但是这可是日本最早的洋流调查实验。

现在我们仍然经常使用漂流瓶的方法来调查洋流。漂流试验用的防水纸也被称为"漂流明信片"。

从船只的漂流情况也可以测量洋流。例如即使按照固定的方位航行，由于洋流的影响，船只的航线仍然会或左或右地偏移，或者航行速度受到影响。据此可以测出洋流的方向和强度。

顺便提示一点，现代船只的航行系统都已经考虑到了洋流的影响，自动根据洋流的情况来调整航行的方向。

现代可以依靠人造卫星来确定海上位置。就像许多人都知道的，随着车辆的导航而普及了的"全球定位系统"在全球的任何角落都能利用，当然船只也能使用。

在漂浮在海面上的浮标上安装 GPS 全球定位系统的信号接收器，就可以以 100 米以内的精度来测量每秒的位置，这样就可以测出洋流的速度。当然，这种 GPS 浮标需要回收，或者利用其他电波信号来获取它的位置。

漂流瓶

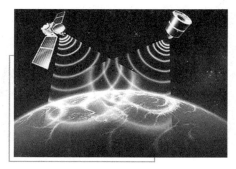
GPS 全球定位系统示意图

在"ARGOS 系统"中则利用轨道气象卫星来确定位置。电波自浮标发出，由气象卫星接收，每日进行 6 ~ 10 次的定位。

根据这个方法可以相当准确地测定海洋表面海水的运动。

测量风速的风速计不仅仅在气象观测所才有，在学校等地方也经常能见到。同风速计一样，测量水流的设备被称为"流速计"。

　　风速计由测量风的强度的螺旋叶片部分和测量风向的箭头部分构成。这两种信号都被转化为电信号并记录在观测室中。

气象卫星

　　气象卫星是指从太空对地球及其大气层进行气象观测的人造地球卫星。卫星所载各种气象遥感器，接收和测量地球及其大气层的可见光、红外和微波辐射，并将其转换成电信号传送给地面站。地面站将卫星传来的电信号复原，绘制成各种云层、地表和海面图片，再经进一步处理和计算，得出各种气象资料。

　　流速计也使用螺旋轮，一般多为垂直转轴的叶轮式。当流速计被安装在观测塔或者海底的平台上时，它的结构和风速计几乎一样。但是如果将它固定在绳索上进行测量，就必须安装特殊的系统。因为绳索会和流速计一起旋转，所以必须内置定位计和记录计。

　　进入 20 世纪后，关于流速计又有了不少新发明。例如，有一种发明，每当螺旋轮旋转一周，磁定位盘中便有一粒小金属球落入。将这种流速计固定在绳索的一端垂在一定深度的测定层上保持一定时间，然后将它提起。根据金属球的数量便可以计算出测定时间内的平均流速和流向的频度。

　　另外，还有一种办法，每间隔一定时间便以打印的形式在纸上记录磁定位计的方向。

　　在转速器和方位指示器上则记录着铅字。到了 20 世纪 60 年代改用胶片，后来则多用磁带等磁记录设备。

　　现代的记录计利用电脑存储记录，直接输入电脑进行数据分析。

　　根据最新的调查研究结果，在水深 1 万米的海沟底部最大也有10 厘米/秒的流速。在这方面机械式的流速探测器立了大功。有的敏感度高的螺旋轮在

1.5 厘米/秒的流速下便可以开始旋转。

要测量更加微小的流速就要使用电磁式或声波式设备了。所谓的电磁式，就是在线圈里通电，使感应器周围产生磁场，当海水流过磁场时会产生电压，根据所产生的电压就可以测得水流的数据。

所谓的声波式，根据的是声波在顺流的情况下比逆流情况下早到达目的地的原理。

✒ 知识小链接

磁　带

磁带是一种用于记录声音、图像、数字或其他信号的载有磁层的带状材料，是产量最大和用途最广的一种磁记录材料。通常是在塑料薄膜带基（支持体）上涂覆一层颗粒状磁性材料或蒸发沉积上一层磁性氧化物或合金薄膜而成。

音速在水中的传播速度为每秒 1500 米，10 厘米的距离所需的传播时间也可以测量。现在一般在海底间隔约 10 千米处安装 2 台声波产生接收器，用来进行测量从海底到海面的平均流速的试验。

在海水中也存在着如浮游生物一类的随海水的运动而运动的可反射声波的物体。由海上船只的船底发射出的声波在遇到上述的反射体时，会反射出频率不同

拓展阅读

多普勒效应的发现

1842 年奥地利物理学家多普勒正路过铁路交叉处，恰逢一列火车从他身旁驰过，他发现火车从远而近时汽笛声变强，音调变尖，而火车从近而远时汽笛声变弱，音调变低。他对这个物理现象感到极大兴趣，并进行了研究。就是在这个现象的基础上，多普勒提出了多普勒效应。

的声波。这就是船同反射体的相对运动的多普勒效应。根据接收到回音的时间差可以测出反射体的深度。这就是所谓的"声波多普勒流速计"。将这种流速计安装在船底，可以在航行过程中测量水深1000米处的流速。

另外，由于地球磁场的北极同地球的北极并不一致，日本近海一般有5°的差异，所以在使用磁性定位器时一定要注意这一点。

声波多普勒流速计

在探索洋流的方法中还有一种被称为"中层浮筒"的方法。这种方法使浮筒悬浮在一定的深水层，根据浮筒的漂流来测量洋流。

漂浮在海面上的浮力装置被称为浮标，悬浮在海水中的浮力装置被称为浮筒。为了让浮筒悬浮在指定的水层中，必须使浮筒的密度和该水层的密度相等。当随洋流漂流的浮筒的深度变小时，如果浮筒的体积变大，浮筒将会越浮越高，所以必须使用金属圆筒或玻璃球等来做浮筒，减小由于压力的变化而导致浮筒的体积变化的可能。

要先在陆上的海水箱中调整浮筒的浮力。对100千克的浮筒以0.1克的精度进行浮力调节。小型浮筒直接放入同预悬浮的水层同样压力的海水箱中，用细小的金属链调整平衡。

那么，如何追踪这些悬浮在海中的浮筒呢？

在水面漂流的浮标可以利用电波来定位，但是在海水中电波不能传播，只能用声波取而代之。在海水中声波能传播得很远。在澳大利亚洋面引爆炸弹产生的声波信号在大西洋的百慕大地区都可以收到，这是因为海水中存在着声波的"导波层"。

由浮筒产生的几百赫兹的声波，可以传播几千千米。每隔几十秒就发射

一定振幅变化的声波，接收装置就可
以根据收到的声波来确定声波到达的
时间。虽然这种形式存在着杂音干
扰，但也可以在 1 千米的误差范围内
确定位置。

上述依靠声波追踪浮筒的方法分
为两种。一种是在浮筒内安装信号发
生器，将信号接收器安装在固定位
置。这种方法被称为"索发浮筒系统"，每日 2 次定位，每次施放的浮筒在 30
个左右。

大西洋的百慕大

知识小链接

浮　筒

　　浮筒，即组合式浮动模块，它以高分子聚乙烯为原料，通过吹塑等工艺加工
而成，可漂浮在水面上，用来系船或作为航标使用等。浮筒的一个十分重要的好
处是它对环境无害，而且基本不用维护。不管是深水浅水、动水静水、咸水淡
水、冻水热水、净水污水，几乎只要是有水的地方，浮筒都可以物尽其用。

另一种是将信号发生器固定，由浮筒上的信号接收器接收信号。这种方
法被称为"雷福斯浮筒系统"，对施放的浮筒总数没有限制。浮筒接收信号数
据，在观测结束后浮筒上浮，人造卫星进行数据收集。这种方法测得的是声
波到达时的位置，所以必须有 3 个以上的信号发生器。

当然也有不使用声波的浮筒测定系统。在悬浮于一定的水层测量一定时
间后，浮筒浮上水面，发出电波信号，由人造卫星进行定位。这种浮筒依靠
自身的液压泵每隔一段时间便改变自身的体积反复上浮下沉，所以被称为

"沉浮式浮筒系统"。

海中声音的传播方式与作用

前面已经说过，由于电波不能在海水中传播，大气中电波的作用在海中大部分都由声波来完成。人们想方设法发明了水下声响式电视机、收音机、收发报机、雷达等多种测量装置。

但是，声波有一个大缺点：频率越高传播距离就越短。10 千赫兹的声波大概能传播 10 千米，但是这个频率不可能传送连续的画面，只能传送静止的画面。

并且声波在海中的传播速度仅为1500 米/秒，比起 30 万千米/秒的电波速度，简直微不足道。

海水中的音速随着温度、压力、盐分等的变化也产生非常大的变化。海水温度上升1℃，音速增加 5 米/秒。水深增加 100 米，音速增加 1.7 米/秒。众所周知，海水上层的温度较高，在水深 500 米处水温骤降，到了 1000 米深处水温的变化就很小了。

知识小链接

频　率

频率是描述振动物体往复运动频繁程度的量，常用符号 f 表示，单位为赫兹，简称"赫"。每个物体都有由它本身性质决定的与振幅无关的频率，叫固有频率。频率概念不仅在力学、声学中应用，在电磁学和无线电技术中也常用。

所以，声波在上层海水理论上应该传播得较快，但是下层海水由于压力较大，传播速度也较快，情况变得复杂。结果在多数海域的约 1 000 米深处存在着"音速最小层"。在这一层上声波传播得最慢，但同时也传播得最远。

波总是具有向波速小的方向偏移的特性。由音速最小层发出的声波经反射和折射后大多返回音速最小层，所以音速最小层中声波集中，而且能量减弱，可以传播得很远。

1991 年曾在澳大利亚南部的哈德岛上用大型的扬声器发射 70 赫兹的声音信号，世界各地的科学家都在音速最小层上安置了麦克风来测定声波的到达时间。海洋科学技术中心的观测船在新几内亚海域上测到了该声波。

雷达测量装置

这次试验的目的是根据音速随海洋水温变化的原理来检测地球表面温室化现象。几年后重复该试验，再次测定声波到达世界各地的传播时间。如果传播时间变短，则证明海水温度在升高，从而可以确认地球温度在升高。

另一种大规模地利用海中声波的是"海洋声音层面 X 射线照相术"。在音速最小层传播的声波能量最强，但是最迟到达。另外，在音速较快的表层与底层反复折射的声波却较早到达。因此，一个声波群可能被接收到几十次。可以根据接收所需时间来推测它几次经过音速最小层。

每隔 1000 千米放置一个信号接收装置，进行观测。在反复的观测过程中，由于海水上层温度的变化，音波群的到达时间也会发生变化。根据到达时间的变化便可以逆推出海洋温度的变化，这就是海洋声音层面 X 射线照相术。

在该技术中，只要增加信号收发器的数量便可以扩展到整个地球的洋面，将收发信号的设备互换进行双向测定便可以测得各层的流速，所以这是一种观测海洋的重要方法。

海 啸

海啸是一种巨有强大破坏力的海浪。当地震发生于海底因地震波的动力而引起海水剧烈的起伏，形成强大的波浪，向前推进，将沿海地带淹没的灾害，称之为海啸。1993 年 7 月的日本北海道西南海域地震给奥尻岛带来了巨大灾害。

智利大海啸

基本小知识

海啸的类型

海啸可分为 4 种类型，即由气象变化引起的风暴潮、火山爆发引起的火山海啸、海底滑坡引起的滑坡海啸和海底地震引起的地震海啸。

1960 年 5 月 23 日凌晨 4 时 11 分，由智利的蒙特港附近海底大地震引发的浪高超过 20 米的海啸曾席卷半个地球。地震后约 10 小时，10 米以上的海啸席卷夏威夷，24 小时后日本从北海道到冲绳都遭遇海啸袭击，死亡 122 人。

震源为南纬 37°~41°，西经 73°附近地区。对日本来说，几乎是地球的另一端了。从震源产生的海啸经转向后直接向日本前进，因此这次海啸带来的损失才会如此巨大。这次海啸只用了 24 小时便传播了约 19 000 千米，平均时速高达 800 千米。

当海底因地震而变形时，海面也会随之变化，形成海浪并向四方传播。

这就是海啸。

海底的断裂层多为细长状，在垂直于断裂层的方向海啸的能量最大。

环绕着太平洋的太平洋地震带经常发生地震和由地震而引发的海啸。最近几年常有印度尼西亚和菲律宾遭受海啸袭击的报道。人们正在研究各种防止海啸灾害的方法。

设在夏威夷的国际海啸警报中心通过使用人造卫星的通信网络来监视海啸的运动。气象局和科技局则利用铺设在海底的专用电缆，通过安装在上面的海啸计来观测海啸运动。在海面下几千米深处的压力传感器可以检测到几厘米的海啸。

拓展思考

海啸前海面下落的原因

大多数情况下，出现海面下落的现象都是因为海啸冲击波的波谷先抵达海岸。波谷就是波浪中最低的部分，它如果先登陆，海面势必下降。同时，海啸冲击波不同于一般的海浪，其波长很大，因此波谷登陆后，要间隔相当一段时间，波峰才能抵达。另外，这种情况如果发生在震中附近，那可能是另一个原因造成的：地震发生时，海底地面有一个大面积的抬升和下降。这时，地震区附近海域的海水也随之抬升和下降，然后就形成了海啸。

海底的断裂层示意图

风浪或巨浪可能会超过 10 米，但是它的周期只有 10 秒左右，并且在海底振幅很小，和周期几十分钟的海啸有明显区别。

海啸袭来时海面会突然增高，发现这一现象时应该及时到高处避难。但有时也会发生巨浪先到，然后隔几十分钟一个接一个袭来的现象。

日本沿海的海啸受害者往往是以观光游客或因工作关系滞留的人居多。

当地的居民因为深晓海啸的恐怖之处，一感觉地震发生，首先就联想到可能发生海啸，并及时避难。

潮起潮落

潮　汐

住在海边的人或者经常在海边钓鱼的人一定非常习惯海水水位一日两次规律性的涨落变化，这种海水的涨落变化就是潮汐。日本的太平洋沿岸潮汐的落差有 1.5 米，日本海沿岸则为 40 厘米左右。这是因为日本海是一种封闭型的海域，所以比太平洋的潮汐落差要小。

世界上落差最大的潮汐在加拿大的芬地湾，在退潮时形成一片湿原，船都好像触礁了一样。

韩国仁川拥有的潮汐是东亚著名的潮汐，潮汐落差约 10 米。仁川设有水闸，即使退潮时船只也可出入。

潮汐是由月球、太阳等天体的引力随相对地球的位置变化而引起的。例如当月亮在南中天时地球的一侧引力变大，而地球的另一侧则引力相对减小，海水被吸引到引力大的一侧形成涨潮。

加拿大的芬地湾

太阳的质量为月球的 2500 万倍，但是比月亮离地球的距离远 400 倍，所以引发潮汐的引力只有月亮的一半，而这种引力占有地球重力的十分微小的一部分。

月球的公转周期为 24 小时 50 分，所以一日两次的涨落潮间隔为 12 小时 25 分。当月球和太阳在同一方向时潮汐变大，称为"大潮"。相对地球而言，月球和太阳的方向的变化周期约为 29.53 日，所以当满月和新月时有大潮，之后约一周发生小潮。但由于月球和太阳运动的复杂性，大潮可能推迟，每天涨潮落潮时间也有可能不那么准确。

知识小链接

新 月

在农历的每月初一，当月亮运行到太阳与地球之间的时候，月亮以它黑暗的一面对着地球，并且与太阳同升同没，人们无法看到它。这时的月相就叫"新月"或"朔月"。

如果地球表面全部被海水覆盖，月球将引起 55 厘米的潮汐，太阳引发 24 厘米的潮汐，大潮为 79 厘米。水面的升高产生水波并向四面传播。

不同海域潮汐的大小主要是因为"共鸣"现象而产生。在长方形的一定深度的海洋中，当长方形的长度恰好为潮汐波波长的二分之一时就会引发共鸣。深度 400 米的半日潮的波长为 8900 千米，如果有一片海的长度为 4450 千米的话，就会产生共鸣，振幅非常大。但是事实上并不存在这种海洋。

但是当水深变浅时波速也会减小，可能在短距离内发生同潮汐周期相同

大 潮

的振动。前面提及的世界上最大的潮汐的所在地芬地湾，就是因为同另一端的波士顿湾形成一个振动系统，同潮汐发生共鸣，才会形成巨大的潮汐差。

在海面发生变化的同时，海水也在流动，特别是因为潮汐波的波长较长，导致海底的海水也发生运动，这就是潮流。在海岸或者海峡处流速较大，但在深海处却很小。日本海沟9200米的海底附近的流速只有2厘米/秒左右。

另外，有的水流虽然不会导致海面的上下运动，却会随着潮汐周期而变动。当潮流越过海底的山脉时会产生内部潮汐波，这种波在外海的规模和速度有时会超过潮流。

由于我们已经明白了引发潮汐的原因，所以可以进行潮汐预告。可以根据海底的地形计算出，也可以根据各地实际的观测值求出。海面的高度也随洋流或气压的变化而变化。每当气压降低100帕，海面便升高1厘米。海面高度的变化随着海洋预报或天气预报的精度的不同而变化。

洋流和鱼

鲣鱼、鲐鱼、金枪鱼等多停留在暖流中，鳕鱼、鲱鱼等则多停留在寒流中。

基本小知识

暖流、寒流

暖流是从低纬度流向高纬度的洋流。暖流的水温要比它所到区域的水温高。暖流水温沿途逐渐降低，对沿途气候有增温、增湿作用。寒流就是本身水温比周围水温低，通常从高纬度或极地海洋流向中低纬地区。

日本近海暖流的代表是日本暖流，流向日本的暖流叫对马暖流。寒流的代表是千岛寒流。

千岛寒流沿千岛列岛及北海道东岸洋面南下，一直到三陆海再向东变向，在日本暖流续流以北流动。其中一部分也沿房总半岛流入相模湾。

日本暖流和千岛寒流不仅在水温上存在差异，水户的生物情况也有重大差异。在船上观察千岛寒流，海水呈青白色。这是因为海水中含有大量的微生物及其排泄物的颗粒，光线在水中漫射，导致海面看上去发白。

鲱　鱼

沙丁鱼

而日本暖流中的生物量则较少，光线大部被海水吸收，所以看起来发黑。日本暖流一度被称为海洋中的沙漠。

生物一般从卵开始成长。卵在孵化后就需要食物，营养成分在海中都溶解成盐的形式存在，这种盐被称为营养盐，是海水的重要特性之一。营养盐或由河流带入大海或沉积在深层海底。当海面的海水被风吹开，海底层的海水因此浮出海面时，该处海面的营养盐变得非常丰富。

鲐　鱼

在营养盐丰富的海域，浮游植物吸收太阳光线，生长繁殖。然后以浮游植物为食的浮游动物数量也开始增加，以浮游动物为食的小鱼、大鱼的数量也开始增加，这些生物的排泄物又被肉眼看不见的细菌分解，重新溶化为营养盐。

鱼卵浮游在海水表层，在营养盐丰富的海域，鱼卵会被海域中的生物吞食。日本暖流中的鲣鱼随洋流北上，在三陆海附近丰富的食物带生长直到秋天，如果水温太低，鲣鱼可能会迁移到南方海域产卵。

孵化后的幼鱼在温暖的南方海域生长到4岁，成熟的鲣鱼游回食物丰富的三陆海，形成循环。

鱼卵不仅仅浮游在大洋间，当鱼卵孵化时比重会增加，然后沉入海底，在海底适合生长发育的地方孵化。鱼类巧妙地利用洋流的特性生长繁殖。而

养殖渔场

另一方面，只有适应这种海洋环境的种类才可以生存延续。

鱼类丰富的渔场多在暖流和寒流交汇处，或者在海水上涌升起处。

日本暖流的暖水周围也是好渔场。这些渔场海面的水平温度变化非常大，可以利用人造卫星的红外线照片来寻找渔场。人们深知各种鱼类适合生存的水温不同，所以水温观测在渔业上非常重要。

海洋与地球气象

　　地球表面约71%的地方被海洋覆盖着，因此，地球的气象与海洋的气象有着莫大的关系，从一定程度上说，海洋气象决定着地球气象，海洋气象是地球气象的晴雨表。海洋的气象是多元的，也是变幻莫测的，如风、霜、雨、雪导致的温度、湿度的变化。厄尔尼诺现象就是真实海洋气象的反映。

双层地球环境——海洋与大气层

在太阳系的八大行星中，只有地球上有生命体存在。

知识小链接

太阳系八大行星

行星通常指自身不发光，环绕着恒星的天体。其公转方向常与所绕恒星的自转方向相同。一般来说，行星的直径必须在800千米以上，质量必须在5亿亿吨以上，按照这个标准，太阳系有八大行星，分别是：水星、金星、地球、火星、木星、土星、天王星、海王星。

地球就像诺亚方舟一样，载着无数的生命体在宇宙中飞行，就像一艘"地球号宇宙飞船"。在这艘船上，生命体的活动空间又分为海洋与大气两层。

这艘"地球号宇宙飞船"与人类所制造的"宇宙飞船"最大的不同之处在于，人造宇宙飞船为了不让空气外逸，是全封闭的。而"地球号宇宙飞船"是没有天花板的。

但即使这样，地球上的空气也没有逃离到宇宙中去。海洋亦然。虽然

地球

有时会波涛汹涌，但绝不会溢到地球之外。其中奥秘究竟在哪里呢？

　　原来，地球非常大，其自身的重力足以吸住空气与海水，而人造宇宙飞船体积小，单靠自身的引力无法使空气留在舱内，所以才需要外力的帮助。

　　"地球号宇宙飞船"上无飞行员，也是它与人造宇宙飞船的不同之处。飞船的管理，全交给了大自然。

　　海洋与空气中生存的无数生命，则充分证明了地球自然环境的合理性。

　　以堪察加拟石蟹为例，野生的拟石蟹可以存活二十多年，而一旦人工饲养，无论多么精心看护，最多也只能维持一个星期。

　　地球环境看似简单，只有空气与水两个部分，但实际上内部构造极其复杂，也极其微妙。本章将重点研究地球环境中的海洋部分。

◤ 大气压与水压

　　日本的一艘名为"深海6500"的潜水艇，可以乘坐 3 人在 6500 米的深海处进行海底探测。

　　若想潜至深海，潜水艇船舱的墙壁必须足够结实以抵抗海水的压力。潜水艇浮在海面上时，舱内舱外均为 1 个大气压，而随着潜水深度的增加，舱外压力逐渐变大，每下沉 10 米压力增大 1 个大气压。当潜至 6500 米深时，船舱的墙壁所承受的压力为 650 个大气压。

深海潜水艇

　　一个大气压相当于 1 平方米的面积上承担着 1 吨的重量。所以 1 平方米的海面或地面所承受的空气的重量为 1 吨。

从海面下沉 10 米时，增加了 10 米深海水的重量，所以物体在 10 米深处承受的压力比海面高 1 个大气压。而 6500 米深处的潜水艇，空气与海水产生的压力约为 651 个大气压，潜水艇舱内的压力为 1 个大气压，所以船舱的墙壁必须承受差额为 650 个大气压的压力。

如果船舱硬度不够，就会被海水压毁。所以深海潜水艇的船舱均由坚硬的钛合金做成。

透过深海潜水艇的窗户，却可以看到即使在 6500 米的深海处，各种鱼类还是可以游得悠然自得，而且它们与浅海的鱼类并无差异。它们之所以可以承受 651 个大气压的压力，是因为它们的身体本身也可以产生 651 个大气压的压力。

拓展阅读

平流层

平流层也叫同温层，夹于对流层与中间层之间，是地球大气层里上热下冷的一层，此层被分成不同的温度层。在中纬度地区，平流层位于离地表 10～50 千米的高度，而在极地，此层则始于离地表 8 千米左右处。

鱼体外侧承受着 651 个大气压的压力，而鱼体内也为 651 个大气压，所以鱼的皮肤不需要支撑任何压力。潜水艇则不同，艇内只有 1 个大气压，与舱外压力差距较大，而这部分差额则全部作用于船舱的墙壁上。

喷气式客机在通过平流层时，机舱内的压力为 0.8 个大气压，而机舱外只有 0.2 个大气压，机舱的墙壁受到向外的 0.6 个大气压的压力，相当于 1 平方米的面积上压有 600 千克的重量，所以喷气式飞机的机舱壁也必须是特别制造的。

🔖 明亮的天空与黑暗的深海

树叶可以吸收红色的光线

太阳光在不断地向宇宙中放射着光线，而抵达地球的太阳光是如何的呢？太阳光线中波长较短的 X 射线与紫外线等，在大气上层即大部分被吸收。

波长较长的"可视性光线"，则透过空气的吸收，顺利抵达地面。但尽管如此，一部分可视性光线还是被空气分子所散射。

散射程度因波长的不同而有所不同。蓝色的光线比红色光线散射程度大。因此，天晴时才会是一片蓝天。

因空气无法吸收可视性光线，所以无论是散射的光线还是直接来自太阳的光线，都可以在空气中自由传播。当光线抵达地面时，一部分光线被地面吸收，而另一部分则被散射。雪可以散射所有波段的光线，所以呈现白色。

知识小链接

X 射线

X 射线又称伦琴射线，是一种波长很短的电磁辐射。伦琴射线具有很高的穿透本领，能透过许多对可见光不透明的物质，如墨纸、木料等。波长越短的 X 射线能量越大，叫作硬 X 射线，波长长的 X 射线能量较低，称为软 X 射线。

树叶可以吸收红色的光线，所以呈现绿色。地面情况多种多样，所以可以看到各种颜色的景色。在这种环境中进化起来的生物，视觉非常发达，可以通过视觉来辨别同类、捕捉猎物及察觉危险。

而进入海中的太阳光线又如何呢？

放入杯中的海水虽呈透明色，但事实上水可以吸收少量的可视性光线。因此，进入海水中的光线被一点点吸收，下沉 70 米后 99.9% 的光线即被完全吸收。

人类视觉非常好，大概在水深 100 米处也可感觉到光线的存在。但下沉至 200 米处时，即使白天也是与洞中一般，漆黑一片。在深海中，没有白天与黑夜的转换，也没有四季的交替，一年 365 天，全是黑暗的世界。

但即使这样，深海中还是有很多的生命体存在。因为没有光，所以进行光合作用的植物无法在这里生存。深海是一个只有动物与细菌的奇妙的世界。不过，其中有的鱼类可以自己发光，来辨别同类，捕捉猎物。

趣味点击 　　深海生物

深海终年黑暗，阳光完全不能透入，盐度高，压力大，水温低而恒定，水生植物不能生长，动物种类和数量非常贫乏，只有少量肉食性动物，并随海水深度增加而不断减少。深海生物主要由棘皮动物中的海参、海胆、海百合、海星，甲壳动物中的虾、蟹和深海鱼类等组成。其生态特征为：嘴特大，牙齿尖锐，眼睛或触觉器官高度发达，身体有渗透性，以便与外界压力保持平衡，常有发光器官或发光组织。

淡水——海水被蒸发的产物

自然界中的水分为盐水和淡水两种。海洋中的水为盐水，陆地上的水为淡水。对生存在陆地上的人类而言，淡水是不可或缺的。

淡水不仅存在于河流、湖泊与池塘中，地下储存量也颇为丰富。从山中岩石渗透出的水即为地下水，井水也为地下水。古人认为，海水从海底渗透到地下，再运动到陆地下方的地壳这一过程中，盐分被吸收，变成淡水，成为江河湖泊的源头。

江河中的水在不停地流向海洋，如果海底没有与陆地相通，那海平面应该不断地升高。而事实并非如此，所以人们认为海水在不断地渗透到海洋的地下。

但是，海水与地下水并非在地下交换的，它们是在空气中进行交换的。

海洋中的水分在不断地以水蒸气的形式被蒸发到空中，而在蒸发的同时，盐与水分离。水蒸气顺风升至高空，其中一部分飘至陆地的上空，并变成云。再经过不断膨胀，变成雨或雪后，从空气中分离降落至地面，然后渗透至地下，变为地下水。因此，雨雪稀少的季节，岩石间涌出的清泉就会断流。另外，海平面之所以不变化，是因为蒸发掉的海水又以雨、雪或河水的形式重新返回到了海洋。

水的这一循环与实验室中制作蒸馏水的装置相似。通过蒸馏设备，使普通的水沸腾，把水蒸气与不纯物分开，再使水蒸气凝结，形成干净的水。自然界中的海水，即是那普通的水。海平面在阳光的照射下自然加热，使得水分不断地蒸发。

海平面

蒸发的水蒸气若想重新变为液体，必须冷却。而大自然很巧妙地完成了这一过程，空气在上升过程中自然冷却。

理由其实很简单。高空气压低，空气团在上升过程中会不断膨胀。而空气一旦膨胀，温度就会下降。这一性质被称为"断热冷却"。每上升 100 米温

卷积云

度下降1℃。

水蒸气温度降低到一定程度就会饱和，所以在尚未达到饱和温度前水蒸气就变为液体或固体。即使在地面温度为30℃的炎热夏日，在3000米的高空温度只有0℃，所以水蒸气仍可转变为雪花。但在下落过程中温度升高，又融化为雨水。

夏日午后的卷积云，受时速10米/秒的上升气流的影响，把地面的水蒸气大量带至高空，形成了一个大型的蒸馏水制造装置。

地球上的人类都已经见惯了空中飘下雪花或降下雨水，不觉丝毫惊奇，但事实上这是地球上所特有的现象。正因为如此，地球的陆地上才得以有干净的饮用水，陆地上的动植物才得以生存。

如果海洋消失了那会怎么样

如果地球上突然没有了海洋，那地球将会变成怎样的呢？

鱼类等生活在海洋中的动物，失去了住所，等待它们的只有死亡。我们人类生活在陆地上，没有了海洋也不至于立即死去，但陆地上也会慢慢地发生变化。

首先，雨雪量减少。不久，山中的

干枯的河流

清水与温泉也会枯竭。井水见底，河流干枯，水库没水，自来水管中也不再有水流出。没有雨水的滋润，森林中的树木枯萎，草木不生，农作物无法生长，地球会被沙漠所覆盖。这些全因为地球上的水来源于海洋。

变化并不仅限于水。假设人类可以勉强生存下去，冬夏两季的温度差会变得非常大。

特别是四面环海的地方，受海洋的影响很大。以日本为例，如果海洋消失了，日本就会变成大陆性气候，而大陆性气候的特点，即昼夜温差大。大概会有30℃的温差吧。

白天需要冷气，晚上需要暖气。而且冬夏两季气温相差也很大，所以北风呼啸的冬天大概会像西伯利亚一般寒冷吧，而夏天50℃的高温也就不足为奇了。

拓展阅读

大陆性气候和海洋性气候

大陆性气候地区，气温的日较差和年较差大，春季升温快，秋季降温也快，一般春季气温高于秋季气温；而海洋性气候地区，气温的日较差和年较差小，春季升温慢，秋季降温也慢，一般秋季气温高于春季气温。大陆性气候降水少，降水量季节变化大，气候干燥，而海洋性气候降水多，降水量季节变化小，气候湿润。

变化也会体现在风上。日本属于季风猖獗的国家。冬季为西北风，夏季为南风。

季风是因陆地与海面温度不同而形成的，海洋消失后，季风也随之消失。另外，在日本的上空，一年四季偏西风不停，而这种风的形成条件必须是高纬度处的气温低于低纬度处。

沙 漠

海洋一旦消失，高纬度处夏天的气温也很高，甚至有可能高于赤道附近。

那样的话，有可能夏季见不到偏西风，而相反冬季的偏西风却变强，甚至会变成暴风雨。

如上所述，如果海洋消失，气象会发生重大变化。换言之，海洋对气象有着决定性的影响。

基本小知识

季 风

由于大陆和海洋在一年之中增热和冷却程度不同，在大陆和海洋之间大范围的、风向随季节有规律改变的风，就被称为季风。季风在夏季由海洋吹向大陆，在冬季由大陆吹向海洋。季风活动范围很广，它影响着地球上 $\frac{1}{4}$ 的面积和 $\frac{1}{2}$ 人口的生活。西太平洋、南亚、东亚、非洲和澳大利亚北部，都是季风活动明显的地区，尤以印度季风和东亚季风最为显著。

➤ 陆地与海洋之间的风

地球自转示意图

在野外，总会有"风"拂过脸颊。究竟风是如何产生的呢？

从宇宙中看地球，会发现地球在进行着 24 小时的自转。包围地球的空气，也与地球进行着近乎同等的自转。

如果空气的自转与地球的自转完全一致，那对生活在地球上的我们而言，空气可能就是静止的吧，即无风的状态。我们会感觉到风的存在，是因为空气的旋转与地球的自转还是略有差异。

只不过，这种差异是很细微的，所以才说空气与地球进行着近乎同等的自转。

地球上空气的循环是由两极与赤道的温度差所引起的。两极附近的空气冷却后变重。而赤道附近的空气受热后变轻。当冷空气与暖空气相遇后，冷空气会下沉到暖空气下方，而暖空气上升至冷空气上方。

因此就产生了空气的运动。如下图所示可证明这一道理。

拓展阅读

地球的自转

地球绕自转轴自西向东的转动，从北极点上空看呈逆时针旋转，从南极点上空看呈顺时针旋转。地球自转一周耗时 23 小时 56 分，约每隔 10 年自转周期会增加或者减少 3‰ ~ 4‰ 秒。一般而言，地球的自转是匀速的。但精密的天文观测表明，地球自转存在着 2 种不同的变化：①周期性变化；②不规则变化。

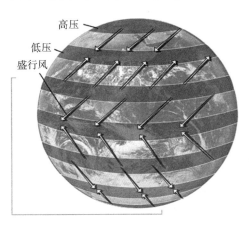

地球上空气循环图

把一个细长的水槽平均隔成两个部分，左边加牛奶，右边加水。牛奶比水重，可相当于冷空气。把中间的隔离板取出，会发现牛奶顺着水槽的底部流向盛水的那部分。而水也从上方流向牛奶。

但是，在研究地球整体的大气循环时，理论上应该吹有南北方向的风，但因为地球的自转，风向发生 90° 变化，成为东西方向的风。

因此，在中纬地带会有偏西风（从西方吹来的风），在低纬地带会有偏东风吹过。

但是，我们在地面附近感觉不到偏西风。偏西风在高空时风速很快，随着高度的降低，风速也减慢，在地面附近近似零。在地面附近，因陆地与海洋温度的差异而形成了另外一种风，这种风被称为"海陆风"。

生活在海边的人，白天会感受到从海上吹来的风，夜晚会感受到从陆地上吹来的风，这就是海陆风。

白天，地面因太阳光的照射而温度升高，但海面温度变化不大。相比之下，海面上空的空气比陆地上空的空气要重，于是海面上空的空气开始流向陆地，这就是"海风"。

知识小链接

大气循环

大气循环泛指大气层物质和热量的循环性流动。大气循环的主要形态是大气对流。太阳光加热了地球表面，赤道附近的热空气上升，从高空分流向地球的两极，热空气在两极地区释放出所携带的热量而变冷变重，下降到地面之后又从两极被吹回到赤道，周而复始，从而形成了大气的全球性对流即大气循环。

夏季有风从海洋吹向大陆，冬季有风从大陆吹向海洋

夜间，地面因放射热量而冷却温度降低，但海面温度所受影响很小，因此陆地上方的重空气流向海洋上空，即"陆地风"。

通过实验可以发现，在海风（吹向陆地的风）的上面还有一股吹向海洋的风，这被称为"海风的回流"。海风起时，较低烟囱的烟雾飘向陆地，而较高烟囱的烟雾则飘向海洋。

包括回流在内的海陆风大约厚 1 千米。

　　陆地与海洋的温差尽管时常昼夜颠倒，但在大陆范围内，陆地上冬夏两季的温差（年温差）要高于海面上冬夏两季的温差。因此，夏季有风从海洋吹向大陆，冬季有风从大陆吹向海洋，这种风被称为"季风"。

　　特别是欧亚大陆的周边，季风频繁。在印度与东南亚，伴随着季风，雨季与旱季相互交替，因此季风也成为雨季的代名词。

🌀 海洋与台风

　　每年夏秋交接之际，台风都会从南侧登陆日本。

　　台风产生于从菲律宾至赤道的北太平洋中偏西的海域上。那里一年四季水温很高，气流始终处于上升状态。

积雨云

　　在这种海域上，如果形成直径数百千米的逆时针方向旋转的旋涡（中心地带为低压区），云的形成就会受到影响。在旋涡的中心地带，积雨云较易形成；而在旋涡的四周，积雨云的形成就会受到抑制。

　　在积雨云的中心存在着活跃的上升气流。从海面蒸发出的水蒸气被上升气流带至高空，再进一步凝结，释放出"潜在热量"（凝结时才能释放出的热量）。这种潜在热量被释放后，使大气温度进一步升高，进一步加强了积雨云内部的上升气流。

　　旋涡中心的积雨云不断增多后，旋涡周围海面上的空气就会被积雨云所吸引，聚集到旋涡中心来。因地球自转作用的影响，这些空气形成一种以逆时针方向旋转的螺旋状的气流，加强了原有的小旋涡。这种现象一旦得到持续，旋涡就会不断扩大，最终形成台风。

台风，即从海面蒸发的水蒸气释放热量，使空气膨胀后形成的旋涡。海面水温越高，释放的热量越多，台风的威力就越大。

台风受太平洋高气压带西侧气流的影响，北上逼近日本。

但随着不断北上，海面水温逐渐降低，台风慢慢变弱。当接近日本时，日本列岛北侧的一股冷气团被卷进台风的旋涡中，并被带至台风西侧，有时甚至会形成"冷峰"。"台风变成温带低气压"所讲的即是此时的变化。

从海面蒸发的水蒸气

知识小链接

低压区

低压区是大气中气压比起邻近地区较低的地带，低压区一般都呈螺旋状，偶尔也有一连串低压区连在一起，通常称之为低压槽。由于气压低，容易产生气旋式上升气流，上升气流遇冷会形成云，所以低压区通常多云有雨。

🔶 风与浪

　　不知你是否注意到，海边有时会出现"不闻风声，只见浪涌"的情况。

　　乍看之下，海水似乎也随着波浪一起涌来，但实际上涌上来的只是水面上凹凸不平的形状，海水只不过在前后晃动而已。通过观察浮在水面上，被波浪轻轻摇动的海鸥或海藻，其中奥妙即可一览无余。

　　拍打着岸边的海浪，全是远处海面上的风引起的。无风时，海面是平静的，而一旦起风，海面上就会有一些像细小皱纹一样的微波被吹起。

　　当风持续不停时，水面上就会形成褶皱般的波纹。这种海浪被称为"风浪"。

海 鸥

　　风浪是大浪与小浪的混合体，一边吸收着风的能量，一边与风同方向前进。如果风继续不停，越到下风处海浪越大。

　　在强风的吹拂下，波峰处浪花飞溅，扬起白色的波纹，风停后，这些波纹也不会立即消失。即使无风波纹也可传到远处，拍打岸边，这就是到达岸边的波纹。

海 浪

　　每年 9 月、10 月，在日本列岛的太平洋海岸，会有一种无风而起的大浪涌来，海水浴场都必须暂停营业。

这种海浪，是日本南边遥远的海洋上台风造成的波纹慢慢抵达日本海岸而形成的。夏威夷的海岸上，海浪更大，所以成为冲浪的旅游胜地。

夏威夷的海浪均来自很远的地方。北面来自白令海峡，南面来自于南极洲附近海域。两者均属于低气压带，海上风暴频繁。

拓展思考

"无风不起浪"和
"无风三尺浪"

这两种说法都没有错，事实海上有风没风都会出现波浪。在天体引力、海底地震、火山爆发、塌陷滑坡、大气压力变化和海水密度分布不均等外力和内力作用下，形成海啸、风暴潮和海洋内波等属于"无风不起浪"。无风的海面也会出现涌浪，这属于"无风三尺浪"。

即使海面上风暴猖獗，海洋深处依然是风平浪静。因为海水的波动只局限于海面附近。在水深远远大于波浪的波长（两个浪峰之间的距离）时，海水在垂直面上做圆形运动。

当波纹抵达海岸时，水深变浅，海水在波浪的前进方向及其反方向之间进行往复运动。同时，浪高（浪峰与浪谷之间的高度）会变大，当其高至一定程度时，浪峰就会大幅度地涌向前方，碎成片状。

海风形成的降雪地带

日本的冬天，西北季风显著。季风，是陆地与其邻近的海洋之间的温差形成的。

冬天，太阳光能减少，地面因放射热量冷却而变冷，同时地面附近的空气也受冷，温度下降。

特别是西伯利亚高原，大面积地区温度降至－50℃，冷气团形成了西伯

西伯利亚高原

就形成了西北季风。

　　西北季风经由日本海与东海登陆日本，并且从温暖的海面上带来了大量的热量与水蒸气。

　　水蒸气在高空形成云，再进一步变成雪，最终降落下来。一部分雪降落至海面，另一部分随着登陆日本列岛的季风，降至日本海沿岸的陆地上。有时甚至会形成3米多厚的积雪。

山中的积雪

利亚高气压。

　　另一方面，受海风影响从海面至水下30米深处的海水，始终处于流动状态，即使严冬水温也不会低于−2℃（低于−2℃，海水就会结冰。太平洋的海域，冬天大多是不结冰的），所以陆地上又冷又重的空气就会流到暖而轻的海洋空气的下方。这

拓展阅读

西伯利亚

　　西伯利亚是俄罗斯境内北亚地区的一片广阔地带。西起乌拉尔山脉，东迄太平洋，北临北冰洋，西南抵哈萨克斯坦中北部山地，南与中国、蒙古和朝鲜等接壤，面积1276万平方千米，除西南端外，全在俄罗斯境为。

　　但是，内陆的山脉地区很少下雪。因为大多数水蒸气在翻越山脉之前已以雪的形式降落下来了。

　　因此，季风越过山脉后，空气干燥，太平洋沿岸晴天增多。冬天日本海沿岸与太平洋沿岸气候差异颇大，原因也正是因为这个。

山中的积雪，是水资源的重要来源。为了储存雨水，人们修建了水库。山上的雪，没有水库也不会流失。到了春天，雪融化后，或存于水库，或灌溉土地，有的甚至可以用来作为饮用水。

但另一方面，山坡上的积雪一旦发生雪崩，也会夺去登山者的性命。

梅雨与局部暴雨

梅雨指我国长江中下游地区、台湾省和日本中南部等地，每年 6 月中下旬至 7 月上半月持续天阴有雨的自然气候现象。由于雨发生的时段，正是江南梅子的成熟期，故称这种气候现象为"梅雨"，这段时间也被称为"梅雨季节"。梅雨季节里，空气湿度大、气温高。以日本为例，每年 6 月中旬至 7 月中旬，是日本的梅雨季节。据气象卫星"向日葵"做出的气象图显示，这一时期，从中国大陆至日本东边的海洋上空，会出现一条东西方向的云带。

在气象图中，锋面沿着云带前行，所以把这一锋面称为"梅雨锋"。

梅雨锋的南侧属于太平洋高气压带。一望无际的太平洋即处于太平洋高气压带下。在高气压圈内，气流呈下降状态，所以不会形成大的云块。海面上接受的太阳光不仅升高了海水的温度，也加快了海面上水蒸气的蒸发。空气从海水中吸收的热量与水蒸气全部储存于高气压圈内，从而生成了温度、湿度高的气团。

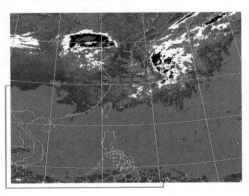

梅雨锋

在高气压圈内空气呈顺时针方向流动，因此湿暖的气流沿着太平洋高气压的西侧，流入梅雨锋中。

这股气流像舌头一样伸入梅雨锋，因此被称为"湿舌"。湿舌所提供的水蒸气是梅雨季节时雨水的主要来源。

在日本西部与东京以北的地区，降雨方式大不相同。日本西部的降雨，主要来源于积雨云，雨势较大。东京以北的地区，主要是梅雨锋附近的低气压形成的降雨，多为连绵不断的小雨。

积雨云多生成于夏季，但寿命较短，所以暴雨一般不会持续太长时间。

在梅雨锋中生成的积雨云，极易在同一处反复出现，从而使雨量增多。这种现象被称为"局部暴雨"。

一旦出现"局部暴雨"，河水上涨，桥梁倒塌，甚至洪水泛滥，土崩山陷，而且局部暴雨形成的地区范围很小，很难进行准确的预报。

◁ 厄尔尼诺现象

近几年，在解释异常气候变化时经常会用到"厄尔尼诺现象"这一词语。

正常情况下，热带太平洋区域的季风洋流是从美洲走向亚洲，使太平洋表面保持温暖，给印度尼西亚周围带来降雨的。但这种模式每2~7年被打乱一次，使风向和洋流发生逆转，太平洋表层热流转向东

当厄尔尼诺现象产生时，温暖的海水覆盖了海面

走向美洲，随之便带走了热带降雨，出现了厄尔尼诺现象。所谓厄尔尼诺现象，即指赤道附近的太平洋海面在几年内会产生一次大范围水温上升的现象。这一现象，会给太平洋周围的国家和地区（中美、南美、澳大利亚等）的气

候变化带来巨大的影响。

1982年受厄尔尼诺现象影响，澳大利亚气候干旱，沙漠中的黄沙被大量刮入都市。相反的，秘鲁的沙漠地带降雨频繁，甚至出现绿色草原。

企 鹅

厄尔尼诺现象产生时中国北方地区易发生高温、干旱，中国南方地区易发生低温、洪涝。并且在厄尔尼诺现象发生后的冬季，中国北方地区易出现暖冬。

另外，海面水温发生变化时，海洋深处也会有异常现象出现。秘鲁远海乃捕鱼胜地，但厄尔尼诺现象出现时，鱼类却全都神奇地不见了。

鱼类消失，不仅渔民损失惨重，以鱼为食的企鹅、海豹等，甚至有灭绝的危险。

那么，这种现象究竟是怎么发生的呢？

位于赤道上的太平洋，每天受到太阳的强烈照射，海面水温可高达30℃。赤道上空吹的主要是东风，所以赤道西侧的太平洋海面，水位上升，形成高达150米的"温泉"。

赤道东侧的太平洋海面，因不断有冷水从深海处涌上，所以水温保持很低。

拓展阅读

厄尔尼诺现象名称的由来

"厄尔尼诺"一词来源于西班牙语，原意为"圣婴"。19世纪初，在南美洲厄尔尼诺的厄瓜多尔、秘鲁等西班牙语系的国家，渔民们发现，每隔几年，从10月至第二年的3月便会出现一股沿海岸南移的暖流，使表层海水温度明显升高。这股暖流一出现，这里性喜冷水的鱼类就会大量死亡。由于这种现象最严重时往往在圣诞节前后，所以渔民将其称为"圣婴"。

　　不仅如此，深海涌出的海水中含有大量浮游生物所必需的营养元素。因此，秘鲁远海中浮游生物大量繁殖，而以此为食的小鱼及以小鱼为食的大鱼、鸟、哺乳动物等，也得以大量地繁殖。人类也得到一个绝佳的捕鱼场所。

海　豹

　　当厄尔尼诺现象产生时，温暖的海水覆盖了海面，深海中的海水无法涌出。作为必然结果，浮游生物无法繁殖，而各种小鱼、大鱼及动物也就无法继续生存。

　　厄尔尼诺现象中的温暖海水，就积存在太平洋西侧的"温泉"。据观测，这些温暖海水在数年内会有一次回流东太平洋的现象。

海洋物质探秘

  海洋是包容万物的大世界，从地貌上说，陆地上有的地貌，海洋里都有，而且有过之而无不及，海洋里蕴藏的物质更是极为丰富，是一座不折不扣的物质大宝库，据测定，在海水中的化学元素有80多种，依其含量可分为三类：常量元素、微量元素和痕量元素。常量元素有氧、钠、镁、硫、钙、钾、溴、碳、锶、硼、氟；微量元素有铁、钼、铀、碘等；痕量元素有金、银、镉等。

海水中的主要元素

一般 1 升海水中含有 32～38 克各种矿物质，而且其中有 80% 是食盐成分中的钠离子和氯离子。我们尝一下海水，味道是涩（咸）的就是这个原因。

海水中还有什么元素呢？

19 世纪的化学家对这个问题非常感兴趣，当时世界各国的学者都在研究海水的成分。

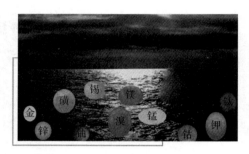

海洋元素

资料渐渐地完善起来，人们开始明白，尽管不同海域的盐类的浓度不同，但是其中主要元素的排列顺序和其所占的比率是一定的。

拓展阅读

研究海洋的科学

海洋科学是研究海洋的自然现象、性质及其变化规律，以及开发利用与海洋有关的知识体系。海洋科学的研究对象是占地球表面 71% 的海洋，包括海水、溶解和悬浮于海水中的物质、海洋中的生物、海底沉积物和海底岩石圈，以及海面上的大气边界层和河口海岸带等。

确证这个事实要追溯到 1872—1876 年英国的"挑战者"号的探险航行。这次探险航行是近代海洋学的开始，它在海水、海洋生物、海底地质等众多方面都有重大的研究成果，最后总结的报告书竟然多达 50 卷。其中包括格拉斯哥大学的迪托马教授对采集的 77 个海水水样的分析结果。

根据迪托马教授的报告，数量上排第 3 位的是硫酸根离子，第 4 位是镁离子。对于迪托马的分析结果，之后百年间大批学者反复进行了检验，证明这个分析结果和现在最精确的值之间几乎没有差异。这个事例也证明了当时的科学水平。

氢、氧、氯、钠、镁、硫、钙、钾等 8 种元素约占海水中总溶质的 99%，再加上锶、硼酸、氟等 3 种元素则占到 99.7% 之多。在此以外的元素的含量极其微小。

为了了解海洋的结构，海洋学家从很早就开始分析研究海水的盐类成分，而这种研究之所以可以成立，是因为海水的主要组成元素是一定的。

基本小知识

海水中的元素

海水中的化学元素有 80 多种，依其含量可分为三类：常量元素、微量元素和痕量元素。每升海水中所含超过 100 毫克的元素，被称为常量元素。含有 1～100 毫克的元素，被称为微量元素。每升海水含有 1 毫克以下的元素被称为痕量元素。最主要的常量元素有氧、钠、镁、硫、钙、钾、溴、碳、锶、硼、氟 11 种，约占化学元素总含量的 99.8%～99.9%。微量元素有铁、钼、钾、铀、碘等。痕量元素有金、银、镉等。

▶ 海洋元素的一生

来自陆地的海洋物质要么经过河流汇入大海，要么随风雨直接进入大海。近来的研究也证明海底温泉中也有不少物质是通过这两种方式进入大海。

进入海洋的物质不断在海中循环，时而进入生物体内，时而发生化学反应，最后会变成沉积物离开海洋。通过研究某一个原子，我们就会了解某个海洋元素的"一生"了。

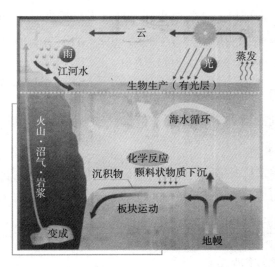

海洋和陆地的物质循环

某元素的大量的原子在海洋中的寿命的平均值被称为"平均停留时间",就像人类的平均寿命一样。

假设海水中各元素的浓度不受时间的影响,永远恒定,那么,溶入海水的元素量和离开海水的元素量应该相同,所以元素的平均停留时间就等于海洋中现存该元素的总量除以该元素每年进入海洋(或者离开海洋)的量的值。

海洋中含量很高的氯和钠的平均停留时间在1亿年以上,比其他很多元素都久,可以说是海洋世界的"元老"了。

这是因为发生了"水和反应"(氯离子和钠离子进入水的空隙中并被水分子包围),所以氯和钠在海水中性能极其稳定,基本上不会因为发生化学反应而离开海洋。

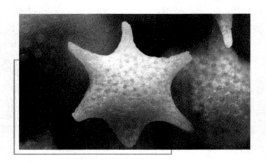

孔 虫

主要的8种元素中平均停留时间最短的是钙元素,大约500万年。

这主要因为珊瑚、有孔虫、圆石藻之类的浮游生物会吸收海水中的钙离子生成的碳酸钙。当它们死亡后尸体就沉积在海底,钙离子也离开了海洋。

海水在大西洋、印度洋、太平洋的上层和底层之间不断循环,循环一次大概需要1000年。海水中的钙在离开海水之前至少要在各个海域循环5000次以上,所以海水的元素构成才如此平均。

重金属粒子易发生吸附反应，所以在海中的平均停留时间较短。铝元素平均只有几十年。当然这类元素和主要元素不同，在不同的海域和深度有不同的浓度。

❤️ 海水的 pH 值

化学上用酸碱度和 pH 值来表示水溶液的状态。这些数值可以表示这种溶液中能够溶解何种元素。

知识小链接

pH 值

pH 值又称氢离子浓度指数，是指溶液中氢离子的总数和总物质的量的比。通俗来讲，pH 值就是表示溶液酸性或碱性程度的数值。氢离子浓度指数一般在 0～14 之间，当它为 7 时溶液呈中性，小于 7 时呈酸性，值越小，酸性越强；大于 7 时呈碱性，值越大，碱性越强。

纯水中绝大多数是水分子（H_2O），极少数的水分子电离为氢离子（H^+）和氢氧根离子（OH^-）。在 5 亿个水分子中只有 1 个水分子被电离。

氢离子浓度的倒数的对数值就是 pH 值。纯水的 pH 值是 7，称为中性，其中氢离子和氢氧根离子浓度相等。

当 pH 值小于 7 时，即水中的氢离子浓度大于纯水时为酸性；当 pH 大于 7 时，即水中的氢氧根离子浓度大于纯水时为碱性。

表层海水的 pH 值约为 8.2，在任何海域都大致相同，呈弱碱性。

用烧杯装取一定量的海水，徐徐滴入盐酸或磷酸中，pH 值会慢慢降低。

当 pH 值小于 4 时有气泡产生。这种气泡和苏打水中的气泡一样，主要成分都是二氧化碳。

如果在海水中滴入碱性苏打或氨水，pH 值将上升（碱化），把它暴露在空气中可以吸收二氧化碳。

表层海水的 pH 值之所以稳定在 8.2 左右，是因为海水中的碳酸氢根离子（HCO_3^-）、碳酸根离子（CO_3^{2-}）和空气中二氧化碳发生化学平衡的结果。

知识小链接

有机物

有机物全称是有机化合物，主要由氧元素、氢元素、碳元素组成。有机物是生命产生的物质基础。脂肪、氨基酸、蛋白质、糖、血红素、叶绿素、酶、激素等均是有机物。生物体内的新陈代谢和生物的遗传现象，都涉及有机化合物的转变。此外，许多与人类生活有密切关系的物质，例如石油、天然气、棉花、染料、化纤、天然和合成药物等，均属有机化合物。

当然，海水的 pH 值并不是永恒不变的。珊瑚和圆石藻成长时会吸收碳酸钙，使海水 pH 值降低，而深海海底由于碳酸钙的溶解 pH 值又会升高。

基本小知识

苏 打

苏打化学名称为碳酸钠，白色粉末或颗粒状，无气味，属于碱性的盐。有吸湿性，露置空气中能够逐渐吸收水分，发生潮解。400℃时开始失去二氧化碳，遇酸分解并泡腾。溶于水和甘油，不溶于乙醇。

当浮游植物进行光合作用时会消耗二氧化碳，pH 值升高；当深层海水中的有机物被分解时会产生二氧化碳，pH 值降低。

例如，在水深 2000 米左右的北太平洋处的海水很古老，含有许多有机物的分解物，pH 值降到 7.7，几乎为中性。

◆ 海洋中的氧化还原反应

我们经常看到风吹雨淋后锈迹斑斑的铁钉。这是因为金属铁和空气中的氧气结合后生成了三氧化二铁（Fe_2O_3）。当纸或木头燃烧时，碳元素和氧气结合反应生成二氧化碳。这种现象叫"氧化反应"。

氧化反应的逆形式便是"还原反应"。在氧化反应中铁和碳原子由于失去电子而被氧化，氧气则因为得到电子而被还原。

空气中 21% 的氧气在自由游荡，所以空气是一个极强的氧化环境，正是因为这样动物才可以呼吸生存，也才会有火灾发生。

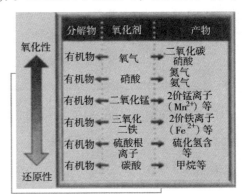

海洋中氧化还原的进行顺序

海水中的氧化还原反应也可由固定的几种元素来表示。

由于海水的 pH 值在 8.2 左右，氢离子的浓度是一定的，所以海水中溶解的氧气的多少是决定其氧化条件的关键。

1 升的海水在 0℃时可以溶解 8 毫升的氧气，在 25℃时可以溶解 5 毫升的氧气，可见海水具有较强的氧化能力。

在海水的中深层，浮游生物尸骸的分解要消耗大量的氧气。但是太平洋、印度洋、大西洋等大洋中仍然残余着大量氧气。海水中的铁、锰等元素被氧化后成为三氧化二铁和二氧化锰沉淀在海底。

在黑海及一部分峡湾等地方则略有不同。在这些海域，深层的海水缺少流动，从海面上层沉淀下的有机物将氧气消耗殆尽，所以有很强的还原性。

在这种缺氧环境中，需要呼吸的鱼或原生动物根本不可能生存。当溶解在海水中的氧气分子被消耗完后，有机物的分解反应开始利用硝酸根离子、氧化铁、氧化锰及硫酸根离子中的氧元素。

基本小知识

甲 烷

甲烷是最简单的有机物，在自然界分布很广，是天然气、沼气、油田气及煤矿坑道气的主要成分。它可用作燃料及制造氢气、炭黑、一氧化碳、乙炔、氢氰酸及甲醛等物质的原料。

因此黑海海底 200 米以下和其他海域不同，出现了其他海域中没有的氨离子和硫化氢离子，同时铁和锰也以 2 价的阳离子（易溶于水）存在，浓度也较高。

知识小链接

光合作用

光合作用是植物、藻类和某些细菌，在可见光的照射下，经过光反应和碳反应，利用光合色素，将二氧化碳（或硫化氢）和水转化为有机物，并释放出氧气（或氢气）的生化过程。光合作用是一系列复杂的代谢反应的总和，是生物界赖以生存的基础，也是地球碳氧循环的重要媒介。

大洋深海表层的沉积物由于和含氧的海水接触，所以呈三氧化二铁所具有的红褐色。含有大量的有机物的大陆斜面和沿岸的沉积物则逐渐变成还原性物质，由于硫化沉淀物的影响呈灰或黑色。这种沉淀物的气味和臭鸡蛋的气味相似。

当硫酸被彻底消耗完后，碳酸也最终被还原，生成甲烷气泡。在海洋中极少有这种强还原性的情况发生，但在海湾中偶尔存在。

据估测，大约20亿年前浮游植物开始进行光合作用，大气中的氧气开始增多。在此以前地球的环境可能和深海海底相似，为一个缺少氧气、还原性极强的世界。

🔎 获取深海水的特殊装置

要分析海水的化学成分就必须获得海水的样本。表层海水用水桶和水泵就可以获取，但是要获取几千米深处的海水就要另想办法了。

科学家们为此专门设计了特殊的容器。在船上垂下的缆绳的一端固定上铅锤块，将取水容器下垂到预定的深度，然后当绞轮转动时容器的盖子就会自动合上。

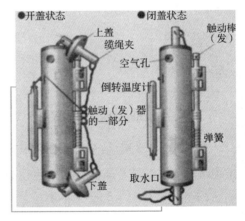

尼斯金采水器

这时大致的深度可以由放出的缆绳的长度来推算。当然精确的水压和水温则由转倒式水银温度计测得。

从20世纪初到20世纪70年代为止使用的采水器是挪威海洋学家南森设计的。

这种采水器将缆绳缠绕在金属锤上，从船上放入海中。当金属锤碰到采水器的开关时，采水器的弹簧脱开和温度计呈倒置状，令采水器的阀门关闭。

与此同时系于此采水器上的金属锤下落，撞击下一个采水器的开关。

就这样固定在缆绳上的采水器一个接一个地运作，采取不同深度的海水。这种采水器的设计非常优秀，失败率很低，在世界上曾经广为使用。但是因为它是金属制造的，所以采集的海水会受到少许的污染，并且每次所能采集到的海水较少，只有 2～3 升。

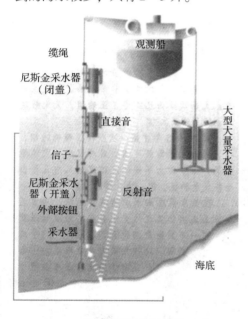

由缆绳联结的采水器

取而代之的是美国人尼斯金设计的塑料制成的采水器。这种采水器仍使用机械信子传递信号控制采水器的运作，但是容器的筒并不翻转，上下的盖子一起闭合。这种方式一次最多可以采集 30 升的海水。后来机械信子也逐渐被电信号取代，只要操作船上发出电信号，采水器的盖子就会闭合。

在测定超微量的重金属和有机物时，尼斯金采水器仍然会导致杂质产生。在进行这些研究分析时则采用其他特殊的采水器。

现在科学家们仍然不断地在改良采水器，防止采水时产生杂质。如果固定采水器的缆绳是金属的，由于生锈必然会产生杂质。东京大学海洋研究所的"白凤丸"号船上安装了世界上第一根钛质缆绳，并在无尘房间中进行分析操作。

有的科学实验需要大量优质的海水样本。例如研究微量放射性原子或同位素的科学实验。现在的采水器可以一次性在 2 个不同的深度采取 270 升的海水。对于研究海水的化学成分的工作来说，获得"正确的海水样本"是第一步，也是最重要的一步。

重金属

在化学中，重金属是指比重大于 5 的金属，包括金、银、铜、铁、铅等，重金属在人体中累积达到一定程度，会造成慢性中毒。

🔈 海水中的微量元素

海水中的微量元素含量非常小，甚至有不少的元素的浓度还无法测定。

1 升海水中所含的氯元素和钠元素在 10 克以上，但是所含的微量元素却极少，正确地分析测定这些微量元素的含量非常困难。历史上科学家无数次认为已测得了正确值，又无数次地进行了修正。

直到 1975 年才第一次获得了精确的铜、镍、镉等元素的测定值。自那以后便飞速地发展，至今为止不能确定浓度的只有少数几种元素。

微量元素在海水中的浓度很低，一方面是因为这些物质在地壳中存在的浓度本来就小，另一方面则是因为它们在海水中的平均停留时间很短。这些元素大多很难在水中形成稳定的离子，因为它们易吸附于黏土粒子或其他生物粒子，在较短的周期（几十年到 1000 年左右）便会离开海水。

以铝元素为例，铝在地壳所含的化学元素中约占 8% 的比例，但是在 1 千克的海水中仅含几纳克铝（1 纳克 $= 1 \times 10^{-9}$ 克）。这是因为铝元素很容易形成氢氧化铝沉淀，它的平均停留时间约为 100 年，这种现象被统称为"净化"。

络合物

络合物也叫配位化合物简称配合物，也叫络合物，为一类具有特征化学结构的化合物，由中心原子或离子（统称中心原子）和围绕它的称为配位体（简称配体）的分子或离子，完全或部分由配位键（原子间通过共享电子所形成的化学键）结合形成。

根据调查结果，微量元素在海洋的垂直分布主要有 3 种类型。

第一类元素同主要元素一样，浓度并不随垂直深度的变化而变化，如铀、钼等元素。铀形成碳酸铀配位化合物，钼形成钼酸离子，在海水中形成较稳定的离子。它们在海水中的平均停留时间比较长。

第二类元素在表层较少，随着海水深度的增加而增加。这类元素约有 30 种之多。这些元素是生物生长过程中必需的，和硝酸、磷酸非常相似，所以也被称为"营养盐型"。

第三类元素在表层较多，随海水深度的增加而减少，如铝、铅等元素。这类元素易被"净化"反应除去，在海水中的平均停留时间较短。

海水中元素的分布不仅和该元素的化学性质、溶解度有关，而且和海洋生物的生产发育及分布有密切关系。

这些元素和其化合物可以用来解释海洋生物的活动和海水的流动等海洋基本现象。

👁 海洋的生产性

植物利用阳光的能量将二氧化碳和水结合成有机物以维持自身的生长，

这个过程叫光合作用。当然在这个过程中氮、磷、钾、硫、铁、镁等微量但又必需的"营养素"是不可缺少的。

氮是生成蛋白质的氨基酸所必需的，磷则是细胞中核酸的构成元素，如果缺少这些元素植物就不能生长。我们在种植植物时，在浇水之外还要不时地施肥，这就是为了补充常常不足的营养素。

在研究营养素和植物生长之间的关系时发现，营养素的供给量是决定植物发育的重要因素。在此方面最有名的定理是以19世纪中叶在这方面取得丰富成果的学者的名字命名的"利比希最小因子定律"。

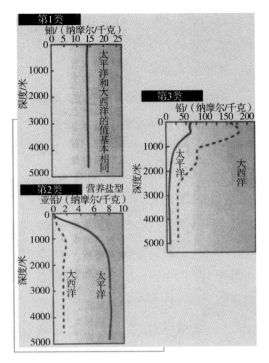

超微量元素的垂直分布分类

┌─────────────────────────────────┐
│   知识小链接   │
├─────────────────────────────────┤
│   │
│   浮游动物   │

　　浮游动物是一类经常在水中浮游，本身不能制造有机物的异养型无脊椎动物和脊索动物幼体的总称，在水中营浮游性生活的动物类群，它们或者完全没有游泳能力，或者游泳能力微弱，不能进行远距离的移动，也不足以抵拒水的流动力。浮游动物与浮游植物一起构成浮游生物，它们几乎是所有海洋动物的主要食物来源。

在海面下 100 米以内的水层中存在着许多肉眼看不见的浮游植物。它们利用太阳光进行光合作用。整个海洋中的光合作用所产生的有机物数量和陆地上的草原与森林的植物所产生的有机物数量相差无几。

海洋生物的生产能力竟然如此强大，让人难以置信。其实这是因为浮游植物的细胞分裂增殖速度要明显快于草和树木，也就是生命循环的速度较快。

数量不断增加的浮游植物成为浮游动物的食物，浮游动物又成为鱼类的食物……浮游植物在最根本地保证着海洋生物的生存，所以它们被称为海洋的"第一次生产者"。

利比希最小因子定律就是针对第一次生产者而言的。虽然在不同的海域存在一些差异，海水各成分中对于植物来说最稀缺的是氮。氮的供给量决定了第一次生产的进行（磷也同样稀缺）。

	碳元素	氮元素	磷元素
浮游动物	103	16.5	1
浮游植物	108	15.5	1
平均	106	16	1

浮游生物的元素组成

美国一所海洋研究所的科学家注意到，海洋中各种微量营养素的比例和浮游生物的平均元素组成之间有微妙的一致性。

经过全面的研究，科学家发现浮游植物在繁殖时吸收的碳、氮、磷等元素的比例随着物种的不同可能有所变化，但是整体比例是一定的。

在光合作用过程中，平均每 1 个磷原子需要 16 个氮原子和 106 个碳原子来构成有机物，同时释放出 276 个氧原子。而当浮游生物死后这个过程就向反方向进行，溶解在海水中的氧气将有机物氧化，释放出二氧化碳、硝酸、磷酸等。

硅　藻

　　硅藻是一类具有色素体的单细胞植物，常由几个或很多细胞个体连接成各式各样的群体。硅藻的形态多种多样。硅藻常用一分为二的繁殖方法。分裂之后，在原来的壳里，各产生一个新的下壳。盒面和盒底分别名为上、下壳面。壳面弯伸部分叫壳套。上下壳套向中间伸展部分，叫相连带。

　　这些元素间的关系体现在海洋中微量营养素的分布上，并成为一个固定的数值。如果这一平衡被破坏，浮游植物的生长繁殖将受到阻碍。

　　在氮、磷之外还有许多元素是必不可少的。比如对于硅藻和放散虫等具有含硅酸质的壳的动物，硅元素的稀缺会阻碍其生长发育。

　　还有研究表明，铁和亚铅等微量重金属元素也是必不可少的，如果缺少则会影响浮游植物的增殖。

海洋所包含的铁元素

　　美国加利福尼亚州莫斯·兰丁实验所的约翰·马丁是位海水微量元素分析专家，他在如何采集样本和分析方法方面都有贡献，并彻底查明了钴、锰、银、铅等元素的分布，并且最终成功地分析了铁元素。

　　铁元素在地壳所含化学元素中约占5%，但是由于海水的"净化"作用，铁元素在海水中的浓度极其小。

　　采取海水样本时必须驾船出海，而船是钢铁制成的，难免到处是铁锈，固定采水器的缆绳也是钢铁的，必须十分注意由这些产生的杂质。

1988 年，马丁终于证明，铁元素的分布为营养盐型，表层较少，随着海水的增加而增加。

最早对铁元素的测定是在阿拉斯加湾进行的，结果表明在海水表层由于生物活动导致稀缺的氮、磷等元素的浓度仍然较高，但是铁元素的浓度却极低。

根据利比希最小因子定律，是不是由于铁元素的缺乏而妨碍了浮游生物的繁殖，导致大量的磷和硝酸剩余呢？

铁元素是继氮、磷、钾之后又一

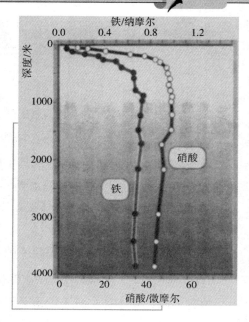

海中铁含量

种必需的营养素，是合成与光合作用紧密相关的细胞色素酶的必要元素。由于陆地上的土壤中含有大量的铁元素，所以从没有缺少铁的情况发生。

知识小链接

细胞色素

细胞色素是一类以血红素作为辅基的电子传递蛋白，广泛参与动植物，酵母以及好氧菌、厌氧光合菌等的氧化还原反应。其中的铁通过 Fe^{3+} 和 Fe^{2+} 两种状态的变化传递电子。

但是海水的情况就不同了。由于铁元素在海水中迅速被氧化成三氧化二铁而产生沉淀，所以必须注意铁元素不足的情况。

马丁运用他多年来研究海洋微量元素的经验采集到无杂质的海水样本，

并对有铁元素和无铁元素情况下浮游植物的繁殖速度进行了比较。结果表明，浮游植物在有铁元素的情况下的繁殖速度要快得多。

实验证明，生物顺利生长繁殖的必要条件是对于 1 个单位的磷元素元素要有 $\frac{1}{200}$ 单位的铁元素存在。

南极洲附近海域和赤道附近海域的表层海水的营养素非常丰富。如果人为地向海水中增加铁元素，会不会加速这些海域的生物繁殖？

据估算，要令南极洲附近海域表层的氮和磷全部被有效地利用，大约需要 30 万吨的铁元素，而这仅仅是大型油轮用铁量的一半。

马丁想到："如果适当地将大气中的多余的二氧化碳经浮游植物转化成有机物存储在海洋中，就可以降低大气中二氧化碳的浓度，防止温室效应影响地球。"

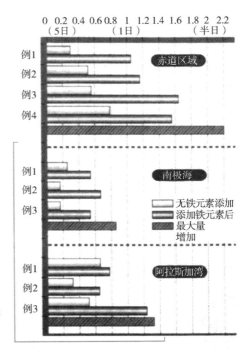

不同海域浮游植物铁元素对比

马丁的这一设想的有效性和对生物圈的影响在全球都引起了广泛的争议。

多数专家学者认为这个方法不大可能成为解决地球温暖化的救世主。现在这个方法正在进行小规模海上试验，并在研究它的波及效应。

▶ "海雪" 的作用

让我们想象乘坐潜水艇潜入海底的过程。随着深度的增加，光亮开始减弱，渐渐变成一个深蓝色的世界，最后四周一片漆黑。

坐在艇内向窗外望去，偶尔会有亮点一闪而过，那是发光生物所发出的光亮。

打开探照灯，窗外竟然有雪花一样的物质。当潜水艇下降时"雪花"自下而上运动，当潜水艇上升时"雪花"自上而下运动，如下雪一样，这就是"海雪"。

"海雪"大多如鹅毛大雪，一块块凝结在一起，似乎一触即化。这些类似雪花的雪物质有的是浮游生物的尸骸被鱼类吞食后排出的粪便，这些物质再被分解，就变得面目全非；有的是陆地上随流而来的矿物颗粒球。

这种"海雪"漂荡在海水中，承担着将海水表层生产的物质搬运到深海的重要任务。同时它也影响着海洋微量元素的分布。浮游生物的残骸在中、深层海被氧化分解。因此中、深层的海水的营养素比表层丰富。

拓展阅读

"海雪"的发现

1729 年，人们首次在地中海确认这种泡沫状物质（"海雪"），而且这种物质在这一地区很常见。海洋的相对平静和海水较浅，导致近海水体相对来说更加平静，这种情况为黏液形成提供了理想环境。研究发现，当海洋表面温度比平均温度更高时，这种物质会大规模爆发。

不仅是海水中的营养素受"海雪"的影响，其他多种微量重金属也受"海雪"的影响而变化。

"海雪"中除了有机物，大部分是硅藻的硅酸盐外壳或者圆石藻和有孔虫的碳酸盐外壳。这两种成分的比例随海域和深度的不同而不同。而那些同生物无关的物质主要是来自陆地上的土壤粒子和海水中的沉淀物。

那些同生物生长密切相关的颗粒的沉降量随表层海面中生物生产力的高低不同而差异明显。

"海雪"的化学成分也随海域和季节的不同而变化。

北太平洋和南极洲附近海域的"海雪"中硅藻偏多，而北大西洋的"海雪"中石灰质的圆石藻偏多。有机物的比例一般随深度的增加而减小，有的在中途就发生分解。

尽管如此，到达海底的"海雪"中仍然含有许多新鲜的有机物，是深海生物高营养的食物。另外，"海雪"的沉降量随表层生物的生产季节而变化，从而也使得海底生物可以感觉到季节的变化。

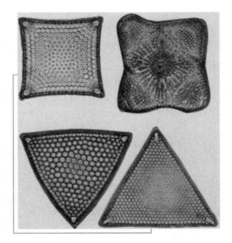

形态各异的硅藻

🔍 海洋和大气的气体交换

动物的呼吸作用就是吸入氧气、排出二氧化碳的代谢活动。吸入的氧气用于分解有机物以产生能量。如果把呼吸看成这么一种化学反应，那么，海洋中深层的海水里的生物，像鲸鱼，一样也会呼吸。

知识小链接

代　谢

代谢是生物体内所发生的用于维持生命的一系列有序的化学反应的总称。这些反应进程使得生物体能够生长和繁殖、保持它们的结构以及对外界环境作出反应。代谢通常被分为两类：分解代谢和合成代谢。分解代谢可以对大的分子进行分解以获得能量（如细胞呼吸）；合成代谢则可以利用能量来合成细胞中的各个组分，如蛋白质和核酸等。

鲸虽然外表像鱼，但并不是鱼，而是一类哺乳动物。鲸和鱼不同，它是胎生的，一般都是每胎产一仔，幼仔靠母体的乳汁哺育长大，而鱼是卵生的，一次产卵可以成千上万，幼鱼一经孵化出来，就能独立生活，没有哺乳现象。鲸的体温是恒定的，平均为35.5℃，无论在冷水域或热带海区都维持这一体温，而鱼是变温动物，体温随环境温度的变化而变化。鲸用肺呼吸，需经常浮出水面换气。鱼则是用鳃摄取溶解于水中的氧气，可一直待在水下。

　　在前文就解释过，格陵兰海和南极附近的海洋表层水在冬季冷却后密度会变大，导致下沉。这时1千克的海水通过大气的气体变换大约含7毫升的气体（水温越低可以溶解的氧气越多）。

　　这就像鲸鱼刚刚吸足空气准备下潜时的状态。当氧气在有机物的分解过程中渐渐被消耗时，作为分解反应的产物，二氧化碳的浓度开始升高。

　　鲸鱼这时分解的是磷虾等食物带来的有机物。海水氧化的则是从表层落下的"海雪"。

总之，沉下的时间越长氧气就越缺乏，而二氧化碳的含量则在不断增加。

　　然后沉下的海水再次涌上海面和大气接触，将过剩的二氧化碳排出，再吸进缺少的氧气，就像鲸鱼的呼吸作用一样。

　　这种同生物活动和海洋循环同时进行的海洋同大气的气体交换对大气中的氧气和二氧化碳的浓度影响很大。大气中的二氧化碳只占0.035%，比氮气和氧气少得多，所以受海洋的影响很明显。

　　海洋表层生产的有机物的一部分作为"海雪"沉入海底，在海底被分解放出二氧化碳的过程以及碳酸盐甲壳溶解后形成钙离子和碳酸根离子的过程就像深海中的香槟工厂一样。

　　现代将这一过程称为"生物泵"。由于这个过程的作用，大海中的二氧化碳含量约为大气中的2倍。

在对封闭在格陵兰和南极洲附近海域冰床中的气泡（古代的气体）进行分析后发现，12 000～24 000 年前的冰河时期的大气中的二氧化碳浓度只有现在的 $\frac{2}{3}$。冰河时期陆地上的植物比现在少，减少的部分应该全部被海洋吸收了。

可能当时的海洋循环与物质循环和现在不同，当时的海洋中深层的二氧化碳含量可能比现在更高。

假设浮游植物全部消亡，那

拓展阅读

冰河时期

冰河时期又叫冰川时期，是指地球表面覆盖有大规模冰川的地质时期。两次冰期之间为一相对温暖时期，称为间冰期。地球历史上曾发生过多次冰期，最近一次是第四纪冰期。大冰期的时间长达 107～108 年。大冰期内又有多次大幅度的气候冷暖交替和冰盖规模的扩展或退缩时期，这种扩展和退缩时期即为冰期和间冰期。

格陵兰海

样将会如何？储藏在海洋中的二氧化碳将随着海水的循环排到大气中，大气中的二氧化碳含量会升高。

那么，如果海洋的循环停止后又会怎样？海洋深层的营养素不再循环到海洋表层，浮游植物数量会显著减少。这样光合作用生产的有机物也会减少，结果导致空气中二氧化碳含量增加。地球上由于过度燃烧各种化石燃料导致二氧化碳含量增大，引发温室效应。如果海洋循环停止了，将会加剧温室效应。

◆ "化学追踪"对研究海水的作用

我们明显地感到日本暖流、千岛寒流等表层洋流的流动,但却不知道海洋深层的水也在流动。

事实上海洋很广阔,海水的流动有时形成漩涡状,又随时发生变化,很难用简单的物理方法将其用平均循环图的形式表述出来。

比较经典的方法是根据密度大的海水将下沉,从而导致含氧量降低,而随着有机物的分解硝酸离子和磷酸根离子等营养素的浓度会增加这一原理来推测海水的流动状况。一般海水向氧气含量减少的方向流动,或者说向营养素浓度高的方向流动。

根据这个原理我们可以发现大西洋、南极洲附近海域、印度洋、太平洋的深层水年龄依次增加。

根据这种化学成分的分布情况同地球的流体理论的结合,麻省理工学院的 H. 斯顿梅尔和哥伦比亚大学的 W. S. 布洛卡画出了海洋循环图,但是这也只是把握了一个大概而已。

其实除了氧气,可以说明海水流动的化学物质还有很多。1960 年的核试验中释放的大量的氚便对研究物理方法较难解决的深层水的形成过程和温度跳跃层(深度增加时温度剧减的层)的垂直混合现象有重大作用。

1963 年随着降水进入海洋表层的氚元素最多。科学家们一直在追踪这些氚是如何向深海扩展的。北大西洋格陵兰海的表层水在冬天冷却下沉,开始转变为深层水。

20 世纪 70 年代进行的地球化学截面观测计划的测量数据表明,氚元素在北纬 50°以北海域呈斜面状进入海底附近。

1981 年又进行了一次观测。当时氚元素已经南下至北纬 40°附近。可以推测深层水已经形成并且南下。当时也观测到造成臭氧空洞的氟利昂也少量溶入了海中，有的还侵入到南极洲附近的深层水中。

这些化学物质虽然是人工释放进海洋中的，却可以作为记号来追踪海水的运动，被称为"化学追踪剂"。这种方法的优点是可以观察到这些化学物质具体的侵入海水的情况。

知识小链接

臭氧空洞

臭氧空洞指的是人类生产生活中向大气排放的氯氟烃等化学物质在扩散至平流层后与臭氧发生化学反应，导致臭氧层反应区产生臭氧含量降低的现象。

以前科学家用浮标、浮筒或颜料来研究海水运动。现在的"化学追踪法"将研究的范围扩大到了全世界。由于这些追踪剂是几十年前才投入自然环境的，在中低纬度由于温度跳跃层的存在阻碍了追踪剂向下的侵入，所以在这些地方只停留在海水表层。

现在科学家又用六氟化硫（无害，少量就可被检测到）投入温度跳跃层来检测这一层的垂直扩散速度。结果发现温度跳跃层的密度非常稳定，在垂直方向几乎不发生混合。

现在"化学追踪"正在全球范围进行，相信不久的将来我们便可以解开深层海水循环之谜了。

◑➤ 海洋深层水的年龄测定

海洋的一次大循环到底需要多少时间？

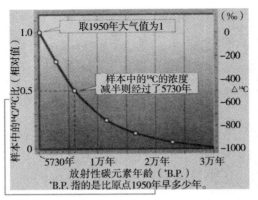

根据¹⁴C测定海洋深水层的年龄

前面已经说明过，根据海水中的氧气浓度的减少或营养素浓度的增加可以推测深层水的流向。但是如同鲸鱼在做剧烈运动时吸入量就会增加一样，海水中的氧气消耗速度也不是一定的。

例如"海雪"大量存在的海域中的氧气会因有机物的分解而快速消耗。因此氧气浓度的减少量和所花费的时间是无直接联系的，有什么方法能够进行正确的测定呢？

幸好科学家发现了由宇宙射线生成的放射性物质^{14}C，它的半衰期为5730年，所以科学家可以以它作为"时钟"来测定深层水的年龄。

我们一定也听过地质学和考古学中常用的放射性碳元素年龄测定这一名词。

在古代的遗迹中发现了古代人使用的木片。树木是靠光合作用吸收大气中的二氧化碳（其中含有^{14}C）合成有机物而生长的，所以和当时的大气含有同样比例的^{14}C。

在核试验前的古代大气中的^{14}C浓度应该是稳定的，所以木片中最初的^{14}C浓度也便可知了。只要测出出土时木片样本的^{14}C浓度就可以计算出它至今的年龄。如果减少了50%，则表明它已经5730岁了。

拓展阅读

宇宙射线的发现

宇宙射线是来自于宇宙中的一种具有相当大能量的带电粒子流。1912年，德国科学家韦克多·汉斯带着电离室在乘气球升空测定空气电离度的实验中，发现电离室内的电流随海拔升高而变大，从而认定电流是来自地球以外的一种穿透性极强的射线所产生的，宇宙射线由此被发现。

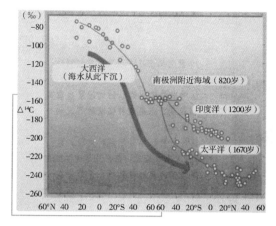

海水下沉为深海水后的年代

这个原理同样也适用于海水。海水表层由于和大气中的气体交换，溶解了二氧化碳，所以应该含有和大气相似的 ^{14}C 浓度。随着时间的推移，由于 ^{14}C 的衰变作用，^{14}C 将减少。根据所减少的量就可以计算出海水的年龄。

事实上，北太平洋深层海水中的 ^{14}C 浓度比大气中的 ^{14}C 浓度低24%，而北纬40°以北的北大西洋表层水比大气低7% 左右，两者的年龄差约为1670 岁。印度洋北部的深层水为1200 岁，南极洲附近海域为820 岁（如上图）。

当然海水的情况和考古学的木片样本不同，海水在下沉后并非就不再进行碳元素的交换了。

海水可能会和其他含有不同放射性碳元素浓度的海水混合，可能会因为有机物的分解或碳酸钙的溶解增加新的无机碳元素量。这些对年龄测定的影响有多大，现在还是个未知数。

知识小链接

半衰期

放射性元素的原子核有半数发生衰变时所需要的时间被称为半衰期。放射性元素的半衰期长短差别很大，短的远小于一秒，长的可达数万年。

所以前面推测的年龄值只是一个"估计值"，大致上深层海水的平均年龄在1000 岁左右，海洋的一次大循环大概需要2000 年左右。

由于宇宙射线的作用而生成的^{39}Ar也可以代替^{14}C进行海水的年龄测定。

^{39}Ar的半衰期为270年，溶于水之后几乎不参与任何化学反应，是理想的海洋循环追踪剂。

锰块之谜

"锰块"是以铁和锰的氧化物为主要成分的化学沉淀物。

锰块的形状大小各异，一般直径为2厘米到拳头大小，呈卵状或球状，在深海底广泛分布。

19世纪的"挑战者"号早已发现锰块，并有详细的记载。

锰块中的镍、铜、钴的浓度也很高，可作为矿物资源。但是这种锰块的形成和分布存在着许多谜点。

在进行放射年龄测定时发现，这些锰块在100万年前只有几毫米，并且成长速度非常缓慢。

拓展阅读

海底锰块的发现

1872—1876年，英国的一艘叫"挑战者"号的三桅帆船，在海上进行了长达3年多的考察，考察的成果之一是从不同地区海底采集到一些黑不溜秋的像瘤子一样的东西，开始谁也不知道是什么，于是就拿到化验室去分析，结果发现这种像瘤子一样的东西的主要成分是锰，后来有人把这样的锰块称之为锰结核或金属结核。

更奇怪的是这种锰块几乎都存在于海底沉积物上面，没有被埋没。海底沉积物的沉积速度虽然很慢，1000年才几毫米，但是考虑到海洋的年龄，没有理由锰块不被埋没在堆积物中。

对此现象有各种说法。例如海底的鱼或者急流将锰块不停地滚动，或者沉积物的粒子之间相互作用，将锰块不停地上挤等说法，但是都缺乏说服力。

那么，这些锰和铁到底从哪里来？

据推测，可能是被沉积物还原的二价铁离子和锰离子溶解在沉积物间隙中的水中并被带入海水中再次被氧化成三氧化二铁和氧化锰，形成沉淀而积于海底。

锰块之所以那么受注目，主要还在于它的矿产价值。锰块含有丰富的镍、铜、铬等贵金属。事实上在北太平洋的夏威夷东南海域已经开始了采矿试验，各国在各自划定的区域内进行技术研究和环境影响试验。

在商业化过程中最大的问题是，如何降低从深海5000米处采集锰块装上船只并精炼成成品过程中的成本问题。

锰块的主要成分（质量百分比）

元素	符号	太平洋	大西洋
钠	Na	2.6%	2.3%
镁	Mg	1.7%	1.7%
铝	Al	2.9%	3.1%
硅	Si	9.4%	11.0%
钾	K	0.8%	0.7%
钙	Ca	1.9%	2.7%
锰	Mn	24.2%	16.3%
铁	Fe	14.0%	17.5%
铬	Cr	0.35%	0.31%
镍	Ni	0.99%	0.42%
铜	Cu	0.53%	0.20%

另外，比较受关注的还有存在于海岭或海底山脉等热水喷出处，并在海底岩石上形成层状沉积物的"锰壳"。

锰壳含有高品位的铬和金，并且比深海的锰块易采集，锰壳存在于水深

2000～3000 米处。

◆ 海洋的污染

人类的活动将各种物质带进海洋。自 20 世纪 60 年代人们开始关心这些物质对人类有无明显的恶劣影响，并在世界范围展开研究。

特别是日本，曾经把工业化放在第一位，而导致陆地沿岸的海洋污染，代表性的水银中毒事件便是一例。

后来，发达国家对有害物质的抛弃进行了严格的规定，这些国家的沿海环境逐渐得到了改善。但是发展中国家的海洋污染仍然很严重。

油轮原油泄漏、海湾战争造成的石油污染、俄罗斯的核潜艇及核废料被丢弃在海洋中等一系列问题都提醒我们要注意防止海洋的污染。

发达国家的垃圾废品异常多。要解决这个问题，首先要停止不必要物品的生产，然后要加强对废品的再循环利用。这两点非常重要，当然即使做到这两点，垃圾也不会因此而消失。

很多垃圾处理场的处理能力已经饱和。将来垃圾怎么处理呢？抛弃到海洋中吗？

海洋污染

也许很少有人知道，其实工业废料和海湾淤渣在一定允许范围内是可以抛弃进大海的。

但是有些国家把低放射性的废料也投入深层海底，从而导致全球舆论哗然。事实上这不仅在填海造地，也把海洋作为一个低风险的垃圾处理场。

　　问题在于，海洋究竟有多强的自我净化能力，投下的垃圾对海洋的生物以及人类有没有坏的影响？国际上制定了不能抛弃入海洋或者需要特别许可的物质分类，以此来防止海洋污染。

　　当然，这个条约的内容也会根据科学研究的发展而经常修改。人类必须在不破坏海洋环境的前提下有效地利用海洋资源。如果只是教条地认为"任何人为向海洋抛弃物品的行为都会破坏海洋的环境"，那么，连鱼也不能吃了。

知识小链接

温室效应

　　温室效应又称"花房效应"，是大气保温效应的俗称。大气能使太阳短波辐射到达地面，但地表向外放出的长波热辐射线却被大气吸收，这样就使地表与低层大气温度增高，因其作用类似于栽培农作物的温室，故名温室效应。

　　为了缓解温室化效应，有人设计在发电厂回收二氧化碳并将其投入大海中。这时围绕着这个计划所带来的环境问题也由于现在对海洋的认识还不够充分，所以对其的影响仍无定论。

　　海洋科学的发展，一定要为类似的问题提供客观的判断标准。

海洋生物世界

海洋是众多海洋生物的栖息地，海洋的面积要远远大于陆地面积，约为 3.6 亿平方千米，占地表总面积的 71%。科学估算，海洋里一共栖息着 100 多万种海洋生物，要高于陆地生物种类。无论是从形貌特征、生活方式，还是从生态结构来看，海洋生物都有着有别于陆地生物的独特之处。而且，每个水域的生物彼此之间也并不是完全一样的。但也正由于此，才造就了多姿多彩令人眼花缭乱的海洋生物大世界。

海洋生物的栖息地

地球表面地势低的地方充满了水，这些水都连在一起，形成大海。

地球的总表面积约为 5 亿平方千米，海洋的面积约为 3.6 亿平方千米，占地表总面积的 71%。在这广阔的大海中，一共生存栖息着 100 多万种的海洋生物。

我们将海洋的面积分为太平洋、大西洋、印度洋、北冰洋等"大洋"和被陆地部分隔开的"海域"两部分。大洋的面积为海洋总面积的 90%。

在大洋中，太平洋面积最大，约占 $\frac{1}{2}$，然后是大西洋、印度洋、北冰洋。平均深度以太平洋最深，为 4282 米。

陆地的平均高度为 840 米，而海洋的平均深度为 3795 米。海洋无论在水平的面积还是在垂直的深度方面都远远超过了陆地。

我们再来了解一下海洋的生态区分。

拓展阅读

繁茂的海洋生物

海洋生物包括海洋动物、海洋植物、微生物及病毒等，其中海洋动物包括无脊椎动物和脊椎动物。无脊椎动物包括各种螺类和贝类。有脊椎动物包括各种鱼类和大型海洋动物，如鲸鱼、鲨鱼等，种类有 100 多万种。

首先，在潮间地带和海面间存在着一大片沿岸区。沿岸区和大陆紧接，平均水深 200 米左右，在世界的任何地方结构都很相似。

这个沿岸区虽然只占海洋总面积的 7.6%，但是其中的生物种类丰富，比起海洋区来具有非常强大的生物生产力。沿岸区的海底一般被称为"大陆架"。

　　由大陆架向外直到 2000 米深的海底一带，比起大陆架来地形的倾斜特别显著，被称为"大陆斜面"。这部分海面约占海洋总面积的 8.5%。

　　比这更深的海面叫作"深海"，最深大约 6000 米。再深的部分则为"海沟"，在大陆的周缘地带分布着，水深可达 1 万米以上。

　　6000 米以下的水层被称为"超深海层"，据载人潜水艇"深海 6500"等的探测，确认这一水层中也有生命存在。

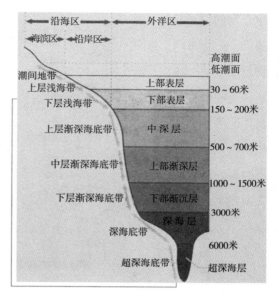

海洋的生态分区

　　我们常常错误地认为只要深度略微大一些，海水就会变得漆黑一片，其实光线能射到出奇深的地方。

　　太阳光射入海水后，波长较长的光（红）在水深 30 米处就只剩下 0.1% 左右的亮度了，但是波长较短的光（蓝）在 200 米深度仍有 20% 的亮度，在某些水域甚至可以照射到 1000 米深处。

　　光线照射得到的水层为"有光层"，照射不到的层为"无光层"。无论在沿岸区还是在海洋区，进行光合作用的基础生产者（浮游生物）都生活在水深 200 米以内的有光层里。

▶ 海洋食物链

　　海水中分布着大量的水、二氧化碳等无机化合物，太阳光能，生产无机化合物的浮游植物、海藻类植物和细菌等物质。

有种生物种群不捕食其他生物，也不依赖生物的尸体，即有机物而生存。这种生存方式在生物学上称为"独立营养"，这种生物被称为"独立营养生物"。

独立营养生物是海洋生态系统中唯一能够

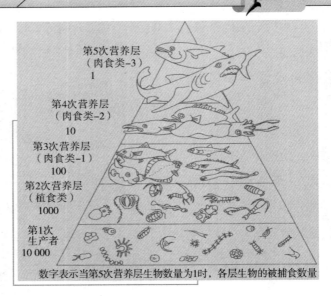

第5次营养层
（肉食类-3）
1

第4次营养层
（肉食类-2）
10

第3次营养层
（肉食类-1）
100

第2次营养层
（植食类）
1000

第1次
生产者
10 000

数字表示当第5次营养层生物数量为1时，各层生物的被捕食数量

海洋食物链的金字塔示意图

提供有机物的"生产者"，是海洋中的"第一次生产者"，或者被称为"基础生产者"。海洋的第一次生产者主要是浮游植物和海藻类，其中数量最多，分布最广的还是浮游植物。

接着，有的生物靠捕食第一次生产者——浮游植物而生存。这部分生物主要为浮游动物和幼鱼，它们被称为"第一次消费者"，但同时也可以称它们为"第二次生产者"。

基本小知识

无机化合物

无机化合物简称无机物，指除有机物以外的一切元素及其化合物，如水、食盐、硫酸等，一氧化碳、二氧化碳、碳酸盐、氰化物等也属于无机物。生物体中的无机物主要有水及一些无机离子，如钠离子、钾离子、钙离子、镁离子等。

知识小链接

海洋生态系统

　　海洋生态系统是海洋中由生物群落及其环境相互作用所构成的自然系统。包含许多不同等级的次级生态系统。每个次级生态系统占据一定的空间，由相互作用的生物和非生物，通过能量流和物质流形成具有一定结构和功能的统一体。按海区划分，海洋生态系统分类一般分为沿岸生态系统、大洋生态系统、上升流生态系统等；按生物群落划分，海洋生态系统一般分为红树林生态系统、珊瑚礁生态系统、藻类生态系统等。

　　捕食浮游动物的生物群被称为"第二次消费者"或者"第三次生产者"，这一生物群包括常见的鲱鱼、明太鱼等，也包括白长须鲸、长须鲸等大型动物。

　　第三次、第四次消费者几乎都是鱼类。其中以捕食墨鱼、裸鳕为主的鲑鱼类、鳟鱼类、鲣鱼、金枪鱼等都是重要的水产鱼类。

　　像这样消费者层次由低到高呈阶梯状分布，称为"营养阶梯"。

　　营养阶梯每上升一级，就会有食物的浪费发生。

　　残余部分被用来当诱饵，或者转化为呼吸的能量，或者以粪便的形式排出。某营养层中被捕食的数量被称为"生产效率"，一般为 10% 左右。海洋中不同的海域有不同的情况，各自的生物营养阶梯也不相同。

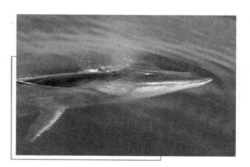

白长须鲸

　　也就是说，食物链有长短之分。一般外海区域的食物链较长，生物学效率较低，而在洋流涌升区（洋流自下向上运动）则有较短的食物链。

浮游生物的世界

海洋学将栖息在水中的生物分为浮游生物、自游生物、海底生物3大类。在这里先对浮游生物进行说明。

"浮游生物"这个名字是由汉森在1887年赋予的。

浮游生物自身无法控制自己的行动，随波逐流，不能自主运动，也不能自主停泊，在生物界中属于被动行动类生态。

按大小分类	大概的体型大小		普通名称
	1958年	1965年	
超微浮游生物	5微米以下	2微米以下	细菌
微小浮游生物	5~60微米	2~20微米	浮游植物
小型浮游生物	60~500微米	20~200微米	浮游植物及浮游动物幼体
中型浮游生物	500微米~1毫米	200微米~2毫米	枝角类、贝足类
大型浮游生物	1~10毫米		磷虾类、矢虫、糠虾类
巨大浮游生物	10毫米以上	20毫米以上	水母类

1微米=1×10⁻⁶米

浮游生物的大致分类

乍看浮游生物同我们的生活没有丝毫联系，但是前文已经提到，没有浮游生物就不存在海洋生物。

你知道吗

水母出现的时间比恐龙还要早

水母是一种低等的海产无脊椎浮游动物，在分类学上隶属腔肠动物门、钵水母纲，已知道的约有200种。在历史上，水母的出现比恐龙还早，其历史可追溯到6.5亿年前。

按照体型的大小，浮游生物可分为超微浮游生物、微小浮游生物、小型浮游生物、中型浮游生物、大型浮游生物、巨大浮游生物6大种类。

所谓大型，也不过1~10毫米，但是巨大浮游生物中也包括水母，有的水母体型也非常大。

有的植物或动物只在幼小期才被称为浮游生物，一时很难详细说明。

超微、微小浮游生物大多为海洋细菌或浮游植物，中型以上的浮游生物则全是浮游动物。

浮游植物主要依靠体内的叶绿素进行光合作用，主要为硅藻类、蓝藻类、鞭毛藻类植物。臭名远扬的引起赤潮的涡鞭藻就是其中之一。

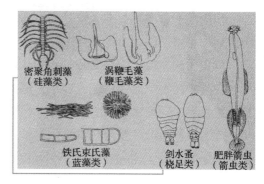

密聚角刺藻 （硅藻类）　　涡鞭毛藻 （鞭毛藻类）

铁氏束氏藻 （蓝藻类）　　剑水蚤 （桡足类）　　肥胖箭虫 （箭虫类）

各种各样的浮游生物

浮游植物的形态千奇百怪，原则上为了适应浮游生活，接触水的一面的形状多是为了增加与水面的摩擦阻力，有的种类也有集结成群体的习惯。

体型较大的浮游动物中包括整个生命期间都在浮游的"终生浮游动物"和只在某一时期进行浮游生活的"暂时浮游动物"。后者多为鱼卵、幼鱼、贝类或虾蟹类的幼体。

浮游动物包括有孔虫、放射虫等原生动物，水母等腔肠动物，沙蚕等环形动物，翼足类、异足类等软体动物，箭虫类等毛颚动物，海鞘、组鳃鳟、幼形类等原索动物。

其中种类最多的是虾、蟹等甲壳类动物，包括桡足类、枝角类、糠虾类、磷虾类、端足类、十足类等。

知识小链接

放射虫

放射虫是具有轴伪足的海生单细胞浮游生物，属原生动物门辐足纲放射虫亚纲。形体微小，一般直径为 0.1~0.5 毫米，少数可超过 1 毫米。细胞内有一中心囊，分细胞质为囊外、囊内部分。伪足从囊外部分伸出。一般为无性生殖。少数放射虫分裂后的细胞附连在母细胞上，形成单细胞群体。

南极洲附近海域的南极磷虾和三陆海的无角磷虾都密集成群，是渔业的重要捕捉对象。还有，骏河湾的樱花虾也是浮游动物。

供食用的长须水母和越前水母也属于巨大浮游动物。

在浮游动物中有些有趣的现象，有的磷虾会像游泳性虾类一样，做日周期垂直移动，一天之内移动数百米。

浮游生物也可以作为分析海水的一个指标。例如紫色的僧帽水母、琉璃贝，桡足类的叶剑水蚤、箭虫，矢虫类的肥胖箭虫等只出现在温暖的水中，可以用来作为日本暖流的一个指标。

自游生物的世界

“自游生物”这一名称是 1891 年德国的赫克尔命名的。比起浮游生物，自游生物有较大的自由游动能力，可以不受海浪或洋流的影响自由地运动。

听起来可能有点复杂，简而言之，大多数的鱼类和乌贼、章鱼都属于自游生物。

其中，生活在表层海面的沙丁鱼、秋刀鱼、鲐鱼、金枪鱼、鲕鱼等被称为表层鱼，生活在底层的比目鱼、鲽鱼等被称为底层鱼。表层鱼大多具有极强的游泳能力，可以在广阔的洋面运动。

介于浮游生物和自游生物之间的生物也被称为“微自游生物”，可以用大型的浮游网来捕获，其中，包括体长 10 厘米左右的裸鳁鱼或游泳虾类。

现在地球上为人类知晓的鱼有 3 万 ~4 万种，其中的 3000 多种是在日本海被发现的，并且每年都有新品种被发现。

日本的海产鱼被分成“北日本鱼”“南日本鱼”“泛日本鱼”3 类。

“北日本鱼”活动的南限是在太平洋侧的千叶县的犬吠崎一带，鲑鱼、鲱鱼等寒海鱼最南可以到达这里。

同时，这一带也是热带或亚热带鱼分布的北限。

凤尾鱼

当日本暖流这一暖流较强时，这条界线会向北移动；当千岛寒流这一寒流较强时，北方的鱼也会越过这条界线向南运动。

日本海中的鱼主要包括沙丁鱼、康吉鳗、秋刀鱼、黑金枪鱼、鲉鱼、玉筋鱼、石鲽鱼等常见鱼。在生活史中有一定时期生活在河水里的香鱼、白鱼、鲻鱼、鲈鱼、纹缟鰕虎鱼等也属于"泛日本鱼"。

日本南部的海产鱼的种类比日本北部多几倍。其中，某些种类甚至还分布到印度尼西亚、澳大利亚、非洲东海岸以及夏威夷地区。

日本北部的海产鱼种类虽少，但其中不乏数量丰富者，在水产上的地位非常重要。鳕鱼类、鲽鱼类、平鲉、杜父鱼、鲑鱼、鳟鱼都属此例。这种倾向不仅在日本存在，在南北两半球都是相同的。

但是在日本的有明海中鱼的分布比较特殊。有明海中生长有其他海域中没有的山神鱼、弹涂鱼、矛尾鰕虎鱼、凤尾鱼等鱼类。

这些浮游生物是海洋食物链中最高层次的生产者，人类捕捉利用的就是这一层次。

拓展阅读

热带鱼的分布领域

热带鱼出生于热带水域。但在近热带和与之交界处的南北温带水域，凡有观赏价值的鱼类品种，也归入了热带鱼。所以，其分布还包括部分亚热带地区，具体来说，主要在东南亚、中美洲、南美洲和非洲等地。

所以浮游生物的生态活动受到特别研究，是水产业中极其重要的一个课题。

 **细菌的世界**

海洋细菌是海中最小的生物，体长大概在 1 微米（1 微米 = 1×10^{-6} 米）左右。细菌的体积极其微小，使用普通的显微镜很难辨别它的种类（按照先前的分类，海洋细菌属于超微小浮游生物）。

细菌将自身需要的有机物的 30% 保存在体内，将剩下的 70% 分解成无机物。

细菌几乎可以分解所有的由地球生命体创造的有机物。海洋细菌分解生物的尸体、角质、脂肪等，并承担着氧化和还原无机物的重要责任。

并且因为海洋细菌经常处于低营养状态，一旦遇见有机物便饥不择食地拼命分解。

海洋中的动植物不断地生产有机物，而海洋细菌则以同样的速度分解这些有机物。所以构成有机物所必需的氮、磷等元素也会同样得到再生。

在远离大陆的海洋中，构成比较容易被分解的氨基酸、单糖、有机酸等

拓展阅读

海洋细菌的类型

海洋细菌有自养和异养、光能和化能、好氧和厌氧、寄生和腐生以及浮游和附着等不同类型。海水中以革兰氏阴性杆菌占优势，常见的有假单胞菌属、弧菌属、无色杆菌属、黄杆菌属、螺菌属、微球菌属、八叠球菌属、芽孢杆菌属、棒杆菌属、枝动菌属、诺卡氏菌属和链霉菌属等 10 多个属；洋底沉积物中以革兰氏阳性细菌居多；大陆架沉积物中以芽孢杆菌属最常见。

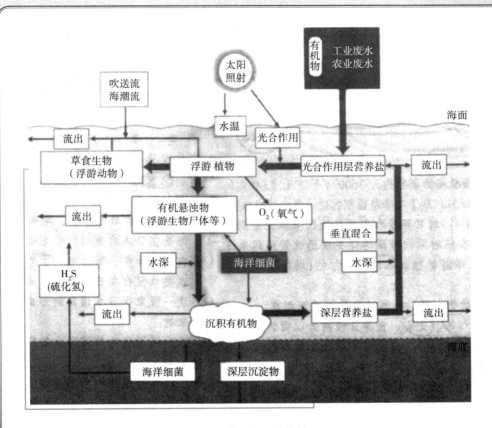

海洋细菌与有机物的循环

主要成分的有机元素在表层海水中大概需几十天完成一次再循环，在深海中需 2~3 个月或 2~3 年才完成一次再循环。

　　在某些海水中有机元素丰富的海域，能量充足，海洋细菌的活动变得极其活跃。构成较易被分解的有机物的有机元素在 2~3 天就可以完成一次再循环。

　　由此可见，海洋细菌在海洋的物质循环系统中不仅为海洋生物提供稳定的食物，而且作为不可替代的分解者，使有机元素的再次利用成为可能。

　　大多数海洋细菌吸收有机物作为自己的营养，但也有海洋细菌像植物一样利用太阳光能生产有机物。

例如在热带洋面上存在着一种被称为"蓝藻"的海洋细菌，它们和植物一样将无机盐和二氧化碳转化成有机物，然后将氧气排出体外。

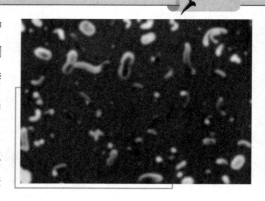

海洋细菌

在沿岸的海底淤泥或海水中生存着一种特殊的细菌，它们同样进行光合作用。但和蓝藻不同，它们属于厌氧菌，在进行光合作用时会吸收周围的硫化氢，然后排出硫黄。

不仅仅只有进行光合作用细菌才会利用硫化氢，硫氧化细菌类也吸收硫化氢，利用其氧化所得的能量将二氧化碳转化成有机物。

近几年在海洋里发现了许多喷射炽热液体的孔洞，孔洞旁有细菌的存在，细菌竟然可以在如此高温的条件下生存。

知识小链接

厌氧菌

厌氧菌是一类在无氧环境中比在有氧环境中生长好的细菌，不能在空气（18% 氧气）和（或）10% 二氧化碳浓度下的固体培养基表面生长的细菌。这类细菌缺乏完整的代谢酶体系，其能量代谢以无氧发酵的方式进行。

🔈 南极洲附近海域的生物

南极洲附近海域到了冬季总面积的近一半会结成冰。南极洲附近海域夏季（11 月至次年 1 月）的日照量和中纬度地区基本无差别，依靠这一期间的日照和营养盐，在短时间内硅藻等藻类便迅速繁殖起来了，然后以捕食藻类为生的草食性浮游动物如磷虾、萨尔帕（动物胶质浮游动物）等也随之增加。

接着箭虫类等肉食性浮游动物也增加，海洋食物链逐渐形成。

拓展阅读

南极洲附近海域生物

南极洲附近海域是围绕南极洲的海洋，也是太平洋、大西洋和印度洋南部的海域。南极洲附近海域海底常覆盖很厚的沉积物，最适于浮游植物的生长，如矽藻和其他单细胞植物。大量的浮游植物为其他海洋生物提供了丰富的饵料，海底动物有无柄水螅、珊瑚、多孔动物和苔藓动物，还有等足目动物、多毛纲环节动物、各种甲壳动物和软体动物和鱼类等。

基本小知识

箭 虫

箭虫躯体表面覆有一层由细胞构成的表皮。头部有钩（弯曲状用以捕捉猎物的刺），上覆一罩或薄皮褶，皮褶于箭虫捕捉猎物时可缩回。头部的肌肉控制钩、齿及口的运动；躯体部的肌肉纵行排列，具数条横带。箭虫借收缩纵行的肌肉及拍动尾部以突进的方式在水中游泳。神经系统由大型的脑神经节与感觉神经组成。脑神经通过一对神经索与腹神经节相连。沿着躯干还有一些神经节和神经。体表散布有多数触觉感受器，为具纤毛的圆形小突起。

南极洲附近海域中的鲸鱼、海豹、海鸟、企鹅、鱼等直接捕食海洋中的磷虾类、草食性桡足类（小型甲壳类）。由此可见南极生物圈的食物链比起中低纬度的海域要简单得多。

南极洲附近海域生物圈中最重要的第一次生产者是"冰藻"。

趣味点击　　漂亮的王企鹅

王企鹅身高约90厘米，体重15～16千克，它们的嘴巴细长，头上、喙、脖子呈鲜艳的橘色，且脖子下的橘色羽毛向下和向后延伸的面积较大。是企鹅中色彩最鲜艳的一种，同时也是南极企鹅中姿势最优雅、性情最温顺、外貌最漂亮的一种。

一过3月，南极洲附近海域中的浮游生物开始减少，海面开始结冰，在新结的冰面下附着的以硅藻为主的藻类开始生长，这就是冰藻。这种冰藻在经过了大量繁殖后会聚集成巨大的块状物然后下沉，成为栖息在其下方的海底的贝类或蟹类的食物。另外，在水下的洼地常有小型桡足类栖息。另一种重要的生物是南极磷虾。南极磷虾密集成群，是长须鲸、座头鲸等须鲸类的主要食物。

据推测磷虾资源总量为10亿～30亿吨。日本、前苏联、挪威、智利等国家于1970年开始南极磷虾的捕捞工作。这些磷虾在日本被用来作为钓鱼的鱼饵。

在－2℃的严寒环境中，冰与冰的间隙里仍有许多鱼存在。被称为冰鱼和南极鱼科的鱼在冰块间游弋并寻觅冰藻和甲壳类动物为食。冰鱼的体积非常大，长度约50厘米。最不可思议的是冰鱼的血液中没有红血球，所以它的

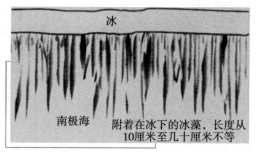

冰藻示意图

（图中标注：冰；南极海；附着在冰下的冰藻，长度从10厘米至几十厘米不等）

血液是透明的。一般鱼的鳃部是红色的，而冰鱼的鳃部是透明的。

地球现在仅存 17 种或 18 种企鹅，全部生活在南半球，但是和南极大陆有关的只有 4 种：王企鹅、阿德利企鹅、冠企鹅、帝企鹅。这些企鹅在南半球的春天（10 月）从北方的海洋回到陆地的聚居地交尾产卵，并在聚居地略作停留，到了秋天（次年 3 月）便结束幼企鹅的抚育返回北方的海洋。

▶ 海底生物世界

海洋中的生物可分成浮游生物、自游生物和海底生物 3 大类。其中生活方式最特殊的是海底生物。

除了幼时在海中浮游，海底生物的一生都贴在海底度过。

植物似的海绵、海葵、藤壶等牢固地生长在岩石上，而赶海时经常拾到的沙蚕、玄蛤、文蛤等双壳贝类都潜伏在泥沙中。

海螺、海蟹、海参、海星、海胆、海鲽、鲂鮄等总是在海底爬行，几乎不离开海底。

此外附着在海草或海藻上的虾类、鳕鱼等虽然也离开海底游动，但是因为它们总在海底捕食，所以仍属于海底生物。

日本南部海洋中珊瑚非常茂盛，本州附近则聚集着许多牡蛎，它们构成了巨大的构造物，简直可称之为自然防波堤。

拓展阅读

牡 蛎

牡蛎又名海蛎子、蛎黄、生蚝、鲜蚵、蚝仔等，属牡蛎科，双壳类软体动物，身体呈卵圆型有两面壳，生活在浅海泥沙，肉味鲜美。壳烧成灰可入药。主要分布于温带和热带各大洋沿岸水域。

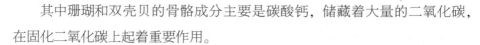

　　其中珊瑚和双壳贝的骨骼成分主要是碳酸钙，储藏着大量的二氧化碳，在固化二氧化碳上起着重要作用。

　　日本等发达国家为了保护海岸，用水泥和钢铁加固了一半以上的海岸线。海底生物在这些人工海底上也能生存。

　　但这些海底生物有时也会带给我们麻烦。吸附在船底的藤壶等会浪费燃料并减低航速，紫贻贝会阻塞海边火力发电站或核电站排泄冷却水的管道。船蛆、木蠹等双壳类动物会从内部将木质结构的船或筏蛀空。

　　有趣的是，有的海底生物会挂在水面，或者靠黏液吹成的水泡漂浮在水面上。

　　生活在海底表面的海底生物会积极地利用海水的流动。生活在泥沙中的海底生物会分解泥沙中的有机物，所以它们大多是海洋重要的清道夫。

深 海

　　在海洋生物的世界里一般将水深超过 150～200 米的海中和海底定义为"深海"。用地形学来说明，深海是大陆架外缘再稍向外的部分。

　　到达深海的太阳光线已不足以支持光合作用的进行。植物不能进行光合作用来生产有机物，从这一点来说和沙漠相似。深海下方的地形为大陆斜面、海沟、大洋底。

深海生物

　　事实上约占地球表面 $\frac{2}{3}$ 的海洋的 90% 的水深超过 380 米，所以作为"水之行星"居民的我们要知道，深海是地球上最广阔、最具代表性的生物圈。

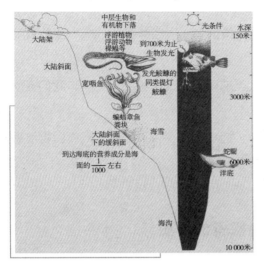

生活在深海的生物示意图

深海没有太阳光，是一个漆黑的世界（其实在 1000 米左右的深海，有的动物视觉器官特别发达，可以捕捉到极其微弱的光线，还有的动物则自己发光）。

随着深度的增加水温也随之降低，在 1000 米深处水温为 4 ~ 5℃，当然水温随时间和季节也会变化。

海洋深处的水压非常大（10 米水柱的压力相当于 1 个大气压），太平洋底有 600 个大气压，世界最深的马里亚纳海沟甚至有 1000 个大气的压力。

看到这里，我们一定会将海底想象成又黑、又冷、又高压的近乎地狱的恐怖世界。

但是从物理角度来看，由于海底的变动幅度最小，其实是地球上最稳定的环境，困难的是如何得到食物。

前面已经说明过，作为食物来源的有机物的生产只能在海面或陆地上进行。"海雪"或动物粪便等物质虽然可以沉到海底，但是它们的营养价值只

趣味点击　深海怪物——角高体金眼鲷

角高体金眼鲷大小约 15.2 厘米，栖息在热带和温带海洋深处。角高体金眼鲷尽管最常栖息的地方是 500 ~ 2000 米，但深到 5000 米处的深渊带中部都是它们的家，此处的水压大得可怕，而温度又接近冰点。这里食物缺乏，所以这些鱼见到什么就吃什么，它们还长着大牙，所以被冠以"尖牙"的称号。

有海面上生产的有机物的 $\frac{1}{1000}$ ，只能够供极小密度的生物生存需要。

尽管深海生物的密度很小，但是种类繁多。现在被探知的大型生物就有几万种之多。

深海生物有时会浮上水面并被人类捕获。观察这些深海生物，我们会发现它们的形状千奇百怪。

其实这些奇特的形状无一不是为了捕食猎物、吸引配偶、减少食物浪费而形成的，是生物几亿年进化智慧的结晶。

海底探索的历史

以前人们坚信深海中不可能有生物存在。但是英国的"挑战者"号在环游世界（1872—1876 年）的过程中却发现海中的环境比地面要稳定得多，在任何的深度都有生物存在。

深海潜艇

但是深海没有阳光，没有植物，食物也极有限，所以在一定面积内不能生存太多的生物。

龙宫的传说、亚历山大国王潜水的传说都说明探索海底是人类自古就有的梦想。

1888—1920 年，美国的"信天翁"号探测东太平洋。1927 年德国的"流星"号探测船首次使用电子探测仪探测海洋深度。校正了"挑战者"号绘制的不够准确的海底地形图。

第一个实现探测海底这个梦想的人是美国人威廉·比布。他在 1930 年乘坐嵌有观察孔的铁球靠铁链沉入 900 米深的海底，留下了珍贵的观测资料。

1960 年 1 月 23 日，人类乘坐潜水艇探测马里亚纳海沟，创下了 10 916 米的纪录。这说明海底不再是人类的禁地。

自那以后世界各地建造了大量的潜水艇。1989 年日本制造了可达水深 6500 米的载人潜水艇"深海 6500"，创造了载人潜水艇水下 6500 米的探测纪录。

像这样，现在的人类科技使得人可以直接进入超过 6000 米深的海底。现在人们可以直接探索的海底世界已达 97% 以上。

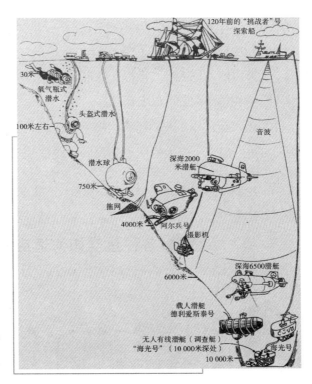

探索海底的方法的演变

知识小链接

拖　网

拖网是用渔船拖曳作业，迫使捕捞对象进入网囊的一类网具。拖网主要由拖曳缆绳、采样铁框架和网篮等构成，有底栖拖网、采样筒和采样盒三种类型。底栖拖网主要用于砾和底栖生物的采集；采样筒和采样盒则用于砾、砂等碎屑物质的采集。

现在已经开发并制造出无人驾驶的高科技智能潜水艇，可以在危险的地方长时间地进行探测研究工作。

大家可能还记得当时世界上性能很高的日本"海光"号无人驾驶潜艇曾潜入马里亚纳海沟进行潜航调查。

在潜水艇之外，人们还利用拖网、挖泥机、摄影机来观察大海。从图像画面来进行研究，最大的优点是可同时观察地球的运动和环境与生物的相互作用。

各种鱼类如何适应深海环境

鲨鱼没有鱼鳔

鲨鱼是较原始的软骨鱼类，而软骨鱼类没有鱼鳔，因此鲨鱼没有鱼鳔。鱼鳔对于鱼来讲非常重要，当鱼想上浮时，它就将鱼鳔充满气体，想下潜时，就放出鱼鳔中的气体使其变小，如此来进行上浮和下潜，极为灵活。而鲨鱼却恰恰没有鱼鳔。没有鱼鳔的鲨鱼只能靠不停地活动才能保证身体不沉入水底。因而，不停地运动是鲨鱼的生存状态。

如果鱼的体内有鱼鳔似的气囊，海水的压力就显得非常重要。大部分脊椎动物的体内都充满了液体，不必担心因外部的压力变化而导致身体膨胀或缩小，所以它们的身体几乎不受机械压力变化的影响。

有些鱼的体内充满了比重小于水的油脂，有些鱼生活在几千米深的海中仍然具有鱼鳔。拥有这种器官的鱼类只要不大幅改变所生活的海水的深度是不会有问题的。大多数情况下，这种器官

也作为发声器官来呼唤异性。

深海中较浅的部分常常因为光线较强而吸引了许多生物。有许多生物也

利用光亮这种特性来吸引食物，比较有名的如：发光鮟鱇、三叉戟鱼、蓬莱鳙等。

这类鱼的背鳍或额须的一部分较长，上面长有灯笼状或诱饵状的发光器官，当猎物接近时便用强劲的牙齿和颚骨吞下猎物。这种捕食方法节省了四处游荡捕食所需的能量。

但有的生物发光却是为了惊吓捕食者，或者喷出发光液体迷惑对手使得自己有时间逃离，或者为了方便辨识同类。

那么，深海生物的身体结构到底如何？

深海生物的身体特征和捕食方法有向两个极端发展的倾向。

一种是拥有巨大的体型，在较大范围内移动，积极觅食，吞食其他动物；另一种则体型较小，设置诱饵，耐心地等待猎物上门。

生活在 2000～6000 米海底的底鳕鱼和代替鱼类活跃在超深海底的低等甲壳类动物属于前者，而中层深海鱼（生活在 400～2000 米深）则属于后者。

猎物来之不易，有的动物为了成功捕食而拥有巨大的嘴巴，以方便一口吞下猎物；有的（如蓬莱鳙）则拥有尖锐的牙齿，一旦咬住猎物就不再松口。

为了适应深海的生活，有时可能要捕食比自身体积还大的鱼，蓬莱鳙的牙齿构造犹如折叠伞，黑线岩鲈的胃也可以突然扩张。

深海的生物在如何捕食方面费尽心思，同样，它们也非常注意如何保护自己。

海底生物有的会利用尽量少的有机物质来使体型膨胀，使捕食者难以

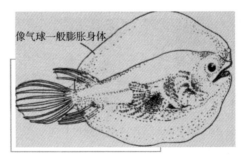

像气球一般膨胀身体

鮟鱇遇到危险就膨胀身体让对手无法吞下

下手。同时又利用比重较小的物质减小体重，以达到节约体能的目的。

但是由于生活密度偏低，不仅很难寻觅食物，连寻找异性也非常困难。为了保证同种的雌性与雄性能够接触，海底生物用气味或激素等远程刺激方

式来进行联络。

拥有较发达的视觉器官的种类则依靠各自独特的发光器官的排列方式或闪亮节奏或特定的波长来保证在一定的距离内可让同类识别出自己。

提灯鮟鱇的雄性要比雌性小，但是雄性拥有比雌性发达的眼睛和嗅觉器官，便于寻觅雌性。

雄性底鳕鱼用气囊发声吸引异性，但同时也冒险将自己暴露给捕食者。还有的深海生物和中层鱼类一样用一定节奏的舞蹈动作来表现自己，对方则以体侧发达的感振器官来确认。

有的种类依靠发光器官来集结同类，而有的种类为了保证雌雄的结合则"不择手段"，在深海雄性寄生在雌性身上或性别转化的种类不胜枚举。

提灯鮟鱇就是雄性寄生的典型例子。雌性在发育期如果遇见雄性就会让雄性吸附在雌性身上一同游动。

有的中层深海鱼和虾类在幼时全是雄性，在经过残酷的生存竞争后，留下来的个体变成雌性，与相对较多的雄性交尾并留下后代。

在深海中没有季节差别，生活节奏不明显。很少有动物在固定的季节产卵，大部分动物都像鲑鱼或章鱼一样一生只产一次卵。

**基本
小知识**

鮟鱇鱼

鮟鱇鱼的鱼体前半部扁平呈圆盘形，尾部呈柱形，一般体长40～60厘米、体重300～800克。头特别大而扁平，两只眼睛生在头顶上，一张血盆大口长得像身体一样宽，嘴巴边缘长着一排尖端向内的利齿；下颌有可倒伏的尖牙1～2行。体柔软、无鳞，背面褐色，腹面灰白色。头及全身边缘有许多皮质突起。鮟鱇鱼有两个背鳍。第一背鳍与一般鱼不同，由5～6根独立分离的鳍棘组成。背鳍前部有相互分离的鳍棘，第一棘位于吻背面且顶端有皮质穗；胸鳍宽大在身体两侧成臂状；臀鳍有8～11根鳍条。各鳍均为深褐色。

为了更加有效地利用珍贵的有机物，大多数动物的卵少且大，并且一直保存在母体内直到发育开始。这一点和人类有点相似。

深海底部的温泉

板块学说是海洋学和地球学重要的学术成果。

板块学说认为：地球内部地幔的对流会导致新的地壳产生从而令大洋底部扩张，在大陆边缘处旧的海洋地壳会重新沉入地球内部，大洋底部也发生着新陈代谢，有时会导致大陆板块移动或者断裂。

东太平洋的某海底山脉的一侧每年都有 10 厘米左右的新海底诞生，而 1 亿年前生成的部分则从另一侧的日本海沟沉入地球内部。

产生新生海底的海底火山带向上吐出的岩浆遇海水急剧冷却，变成枕状的玄武岩。海水从岩石的缝隙或断裂带渗入，遇到地下的岩浆形成温泉从海底喷出。

由于海水的压力，深海的海水在 300℃ 时也不会沸腾。在温泉的周围沉淀着铜、锌、金、银等有用矿物，形成一个热水矿场，有希望成为未来的矿物资源地。

1977 年以后潜水艇多次探测世界各地的 2000～3000 米深

拓展阅读

甲壳类动物

甲壳动物因身体外披有"盔甲"而得名。甲壳动物大多数生活在海洋里，少数栖息在淡水中和陆地上。甲壳动物的身体由 50 个体节组成，但是大部分的高等甲壳动物只有 19 个体节。身体通常由头部、胸部和腹部三个部分组成。头部和胸部通常长成一体，叫头胸部。有一块坚硬的物质即几丁质覆盖在身体上，形成一个像盔甲一样的外骨骼。

处的海岭，观察大洋海底扩张轴，意外地发现在温泉水中生长着许多特别的生物群落。

在超高温热水滚滚涌出的烟囱状的岩石孔的外壁覆盖着一层沙蚕。浑浊的温水（附近的海水温度约为2℃）周围螃蟹成群结队地生长在直径为4厘米，长度超过2米的巨型管内，一些双贝壳动物一层又一层重叠其上。奇怪的是，这些生物既没有嘴也没有胃。

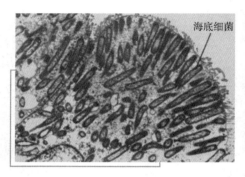

海底细菌

海底细菌

某些种类的甲壳类动物在这些贝类之间缓缓爬行，四周则有鱼类在游弋。这里的生物密度约为 10 千克/平方米。

你知道吗

最大的双贝壳动物是砗磲

砗磲也叫车渠，是分布于印度洋和西太平洋的一类大型海产双壳类。世界上报道的只有 9 种，都生活在热带海域的珊瑚礁环境中。我国的台湾、海南、西沙群岛及其他南海岛屿也有这类动物分布。它们的贝壳大而厚，壳面很粗糙，具有隆起的放射肋纹和肋间沟，有的种类肋上长有粗大的鳞片。砗磲是双壳类中最大的种类，最大的壳长可达 1.8 米，重量可达 500 千克。

然而这种沙漠般荒凉的海底中的绿洲并不仅限于板块扩张轴处的热水喷出孔才有。

在海洋板块沉没的海沟（日本海沟 200～6300 米的水深范围里）也发现了这种高密度的特殊生物群。

究竟为什么在深海有这种生物的群落呢？

前面提到的热水喷射孔中不断地喷射出硫化氢。有一种海底细菌可以将对一般生物来说是剧毒的硫化氢和氧气、硫黄或硫酸结合，发生氧化反应，并利用反应中产生的化学能。

　　我们用显微镜观察那些生活在热水喷出孔里的双贝壳动物、海螺类动物等会发现它们体内生存着大量的微生物。

　　经过对其中氧元素进行生化研究，并对碳元素的同位素进行检测后发现，这些微生物从虫体获得硫化氢、氧气和二氧化碳，并促使它们发生化学反应，以化学反应所产生的化学能来维持主体的生命。

　　形象一些的说法是，海底细菌和母体是共生关系，海底细菌利用硫化氢氧化时产生的化学能制造有机物，并将其中的一部分以"房租"的形式提供给母体。

　　但最令人吃惊的是这些生物虽然不断地向共生在体内的细菌提供含有剧毒的硫化氢，但其自身却不受伤害。原来它们体内有可以解毒的血红蛋白和蛋白质。

　　生存在日本海沟附近的因大洋底低陷涌向大陆而堆积的大量沉积物中的一种海底生物同另一种海底细菌共生。这种细菌可以利用海底变形时泄出的甲烷气氧化后产生的化学能。

　　生存在这些沉陷地带的一些生物的生存机构就比较复杂。

五光十色的双贝壳动物

　　在海底表面的泥沙中生存着一种海底细菌。这种海底细菌会利用甲烷气氧化时产生的能量将海水中的硫酸还原成硫化氢。

　　而这些动物的体内则共生着可以利用硫化氢氧化时产生的能量的细菌。

　　这一生物圈同海底温泉一样都是将"毒"转化成"生命的粮食"。这与依靠阳光和植物的世界完全不同，是利用地球内部的能量来维持生命。

"海"字的一部分是"母"字。自从约 46 亿年前地球形成以来，海洋就一直保持着一个稳定的生态环境，孕育了无数的生命。

知识小链接

共 生

共生是指两种不同生物之间所形成的紧密互利关系。动物、植物、菌类以及三者中任意两者之间都存在"共生"。在共生关系中，一方为另一方提供有利于生存的帮助，同时也获得对方的帮助。

海底世界

　　相对于海洋的表面，海洋的另一个地面——海底的形态要丰富许多，有高原，有平地；有高山峻岭，有峡谷盆地；有广袤的沙漠，也有深海绿洲；有温柔宁静的时候，也有肆虐狂暴的发作。科学家已经证明，是千万年的时至今日仍然在进行着的大大小小的地壳板块运动造就了这沧海桑田般的变化。

如果将海水抽干那会怎么样

如果将海水全部抽干，大西洋、太平洋等海底究竟会是什么样子呢？会不会也像陆地上一样有平原、有山谷呢？

知识小链接

超 声 波

超声波是频率高于 20 000 赫兹的声波，因其频率下限大约等于人的听觉上限而得名。超声波方向性好，穿透能力强，易于获得较集中的声能，在水中传播距离远，可用于测距、测速、清洗、焊接、碎石、杀菌消毒等。超声波被广泛应用于医学、军事、工业、农业等领域。

那么，我们又如何来研究海底的地形呢？海底又有多深呢？

在测量海洋深度时使用超声波。观测船一边在海面航行，一边向海底发射超声波，然后从接收到海底反射超声波所需的时间来计算水深。

20 世纪 50 年代世界各国的观测船在全世界的海洋进行观测后，整理得出的水深数据经电脑处理后描绘出的海底地

世界海底地形

形图，基本上再现了海底的地貌。

海底火山众多

海底有山谷，也有平原。当然这些海底地形的景观与陆地上完全不同。如果有一天地球上的海水真的不见了，我们一定会以为眼前的景观是另一个行星。

海底的地形比陆地上的地形规则得多。有的峡谷蜿蜒几千千米长，有的一条线上并排着几十座火山。海底的火山比想象中多。事实上 80% 的火山运动都在海底发生。左图中所示海底的小突起物是比高（比高是从海底开始的高度）5000 米的火山。

为什么海底的地形会如此规则？这是因为板块构造运动直接地反映在地形上。

在两大板块的交界处，即中央海岭处，由于板块分离而造成的峡谷和断层有规则地交叉排列。

由海洋板块运动而形成的规则几何形地形以及无数的火山，这就是深海的地形。这同时证明，深海海底也是活动的。

◆ 板块构造

地壳是指由岩石组成的固体外壳，是地球固体圈层的最外层。由厚达数十千米到两三百千米的坚硬的岩石层构成。

地壳在地球表面向不同的方向运动。这些独立的移动地壳被称为"板块"。

地壳下面是可以缓慢变形的地幔层，板块就在地幔层上部运动。

板块的移动速度为每年 1～10 厘米，虽然速度非常慢，但是经过几百万年、几千万年，板块就可能移动几千千米。

地球是一个球体，所以板块的运动也呈旋转运动，距离旋转中心越远就旋转得越快。

地幔，位于地壳下方是地球的中间层。厚度约 2865 千米，主要由致密的造岩物质构成，它是地球内部体积最大、质量最大的一层。地幔又可分为上地幔和下地幔两层。上地幔又被称为软流层，下地幔温度、压力和密度均较大，物质呈可塑性固态。

板块之间的交界处并非就一定是海洋与大陆的交界处。这一点也许不是很好理解。例如在西太平洋大陆和海洋的交界处基本就是板块的交界处，但在大西洋两者则不一致。

西太平洋板块的边界是"海沟"。海沟是海洋板块同大陆板块撞击后，在引发地震的同时，向地球内部下陷而形成的。

而大西洋的海沟并非海陆的交界处。海洋板块和大陆板块连成一体，向同一方向运动。

科学家发现有陆地的板块的运动速度小于无陆地的板块（如太平洋板块）的运动速度。

板块的陆地部分厚为 200～300 千米，而海洋部分的厚度小于 100 千米。可能是因为厚重的大陆部分陷入地幔，才导致速度减慢。

经探测发现大西洋中板块的边界在海洋的中央。在此板块同其他板块渐渐分离，形成了中央海岭这个海底大山脉。

中央海岭地区由于地球内部高温，所以火山运动活跃。火山喷发、地震、断层运动等地球活动大多发生在板块边缘处，而板块边缘的 90% 在海底，所以我们要研究地球活动，就必须更多地了解海底。

🔍 大洋的形成和大陆的移动

大陆以每年几厘米的速度移动着。在运动了几千万年乃至 1 亿多年后便形成了大西洋和印度洋这些大洋。

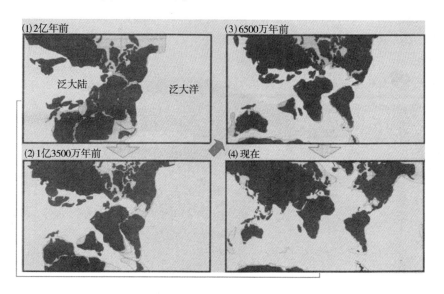

大陆漂移的历史示意图

事实上，现在大西洋仍以每年 3 厘米左右的速度，印度洋以每年 4~7 厘米的速度不断地增加着宽度。

现在地球表面存在着非洲大陆、亚洲大陆、欧亚大陆等多个大陆，也存在着太平洋、大西洋、印度洋等多个大洋，地形丰富。在 2 亿年前地球上只有一大块大陆和一大片大洋存在。

2 亿年前的大陆就像现在所有的大陆合起来那么大，称为"泛大陆"。

泛大陆约占地球表面积的 $\frac{1}{3}$，剩下的 $\frac{2}{3}$ 是被称为"泛大洋"的海洋。

你知道吗

欧亚大陆是最大的大陆

欧亚大陆面积为 5473.8 万平方千米，是世界上最大的大陆。欧亚大陆是欧洲大陆和亚洲大陆的合称。因为，欧洲大陆和亚洲大陆是连在一起的。从板块构造学说来看，欧亚大陆由欧亚板块、印度板块、阿拉伯板块和东西伯利亚所在的北美板块所组成。

泛大陆在 1.8 亿年前开始分裂。

经过 1 亿多年的分裂，泛大陆终于分裂成现在的 7 个大陆并在分裂中形成了大西洋和印度洋。

美洲大陆和欧洲、非洲大陆的分离形成了大西洋，南极大陆和非洲、印度、澳大利亚大陆的分离形成了印度洋。

太平洋则并非由大陆分裂造成的，是 2 亿年前的泛大洋缩小后形成的。

由此可见，太平洋、大西洋、印度洋的形成过程是不同的。太平洋的面积每年都在减少。而它减少的面积恰好等于大西洋、印度洋每年增加的面积。

地球表面的大陆在不停地移动，生成新的大海。

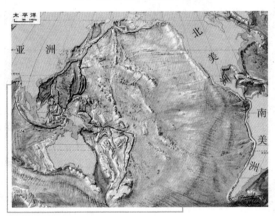

太平洋示意图

➡ 太平洋的海底

太平洋是地球上最大的海洋。从地球仪的南太平洋侧面观察地球，你会以为整个地球只有海洋。

太平洋海底多由海沟围着，这些海沟的深度一般为 7000～8000 米。在日本南方的关岛附近的马里亚纳海沟则深达 9000 米，有的地方甚至达到了 11 000 米。

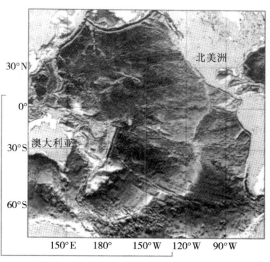

太平洋海底地形

最深的这部分叫"挑战者深渊"。前文说明过，太平洋海底就是通过这些海沟陷入地球内部的。

在西太平洋里有许多海底山。这个海域是地球上最大的海底山密集地带。这些山每座都超过 5000 米。

海底山一般由海底的火山活动形成。西太平洋的海底山却多为死火山。西太平洋的海底山群形成于白垩纪（约 1 亿年前）的东南太平洋，经板块移动横渡了太平洋到达了现在的西太平洋。

自东南太平洋向西太平洋的海底山连绵不断。这表明东南太平洋处形成的海底山向西北不停地移动着。东南太平洋处形成的海底山每年约移动 10 厘米，到达日本附近就用 31.5 亿年。

在海底山不断形成的东南太平洋有一座中央海岭，它的扩大速度最快。

中央海岭与此板块每年分离 16 厘米，然后火山活动会生成新的海底。火山形成的海底为玄武岩层。太平洋洋底几乎都是由中央海岭形成的。

日本海沟和新西兰东边的海底就是这样。海底广大而平坦的地形被称为"深海平原"。

新西兰东边的深海平原是世界上很大的深海平原。它的水深约 5500 米，

知识小链接

宇宙尘

　　宇宙尘是以小颗粒形式存在于恒星之间的物质，主要来源于短周期彗星的瓦解产物。宇宙尘的直径可以大到 10 微米，也可以小到 0.01 微米。它们因为吸收和散射蓝光和紫外辐射，使通过的星光显得比较红而易被发现。

在它上面沉积着厚约 1000 米的沉积物。

　　这些沉积物的形成约用了几千万年到 1 亿年。沉积的速度非常慢，每 1000 年才沉积几毫米，成分多为浮游生物的尸骸和宇宙尘。

印度洋的海底

　　印度洋形成的历史对亚洲有着重大的影响。如右图所示，在印度洋形成的同时印度大陆向北移动和欧亚大陆相碰，形成喜马拉雅山脉，也使亚洲定形。

　　印度洋海底最大的特征是它的中央有 3 个中央海岭汇集在一点。3 个板块（非洲板块、澳大利亚板块、南极板块）在此交汇。这种三重交点地球上共有 7 处，印度洋中的这个交点最具代表性。

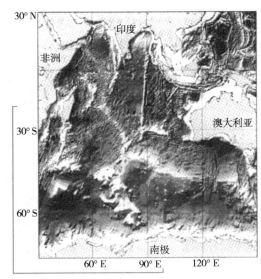

印度洋海底地形

从这个交汇点开始向 3 个方向的海底不断地扩张，所以也可以说印度洋的海底是由这个交点产生的。

印度洋海底的另一个特征是它的向南北延伸的两条海岭。东侧直线状的海岭总长超过 4000 千米，相对高度 4000 米，宽 3000 千米。这条海岭大致沿东经 90° 线呈南北向延伸，被称为"东经 90° 海岭"，是除中央海岭外地球上最大的海岭。东经 90° 海岭是后文介绍的"热点活动"产生的海岭。

印度洋也有海沟。沿着苏门答腊岛和爪哇岛的爪哇海沟总长 5000 千米，是世界上最大的海沟。在此澳大利亚板块向北陷入。

在印度大陆还未撞击欧亚大陆之前（约 4500 万年前），爪哇海沟曾贯穿喜马拉雅，一直延伸到阿拉伯地区。现在的爪哇海沟不过是过去巨大海沟的一部分而已。

印度洋风光

印度洋东侧孟加拉湾的海底全部被"孟加拉扇形地"覆盖。孟加拉扇形地是由喜马拉雅山的大量泥沙沉积而成的，是世界上最大的沉积体，约有 15 千米厚。

知识小链接

东 经

经度是指通过某地的经线面与本初子午面所成的二面角。东经是东经度的简称，即自 0° 经线（本初子午线）向东度量的经度，用"E"表示。

大西洋的海底

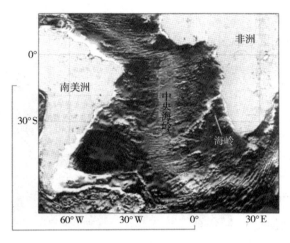

大西洋的海底地形

大西洋海底地形要比印度洋和太平洋简单得多。大西洋中心的"大西洋中央海岭"北起北冰洋，南至南极洲附近海域，贯穿大西洋，是世界上规模最大的山脉。

中央海岭山顶的水深约2500米，山顶东西两侧的水深逐渐增加，最深达到6000米。如果拿大西洋中央海岭和北美洛基山比较，我们会发现中央海岭的规模丝毫不亚于陆地上的山脉。

中央海岭的形状规模虽和陆地上的山脉很相近，但是它们的构造却不相同。

中央海岭是海底火山活动的地方。新生的海底向东、西移动，所以离中央海岭越远的海底年龄越古老。

所以大西洋中最古老的海底在两侧的大陆附近，年龄在1亿岁到1.8亿岁。大西洋底不存在巨大的海沟，所以1.8亿年前超

广角镜

洋脊火山

大洋中脊是玄武质新洋壳生长的地方，海底火山与火山岛顺中脊走向成串出现。据估计全球约80%的火山岩产自大洋中脊，中央裂谷内遍布在海水中迅速冷凝而成的枕状熔岩。中脊处的大洋玄武岩是标准的拉斑玄武岩。这种拉斑玄武岩是岩浆沿中脊裂隙上升喷发而生成的产物，它组成了广大的洋底岩石的主体。

大陆分裂时形成的海底并不会沉入地球内部，而是全部留在海底。大西洋的中央海岭每年约有 3 厘米的新海底生成，致使大西洋面积不断扩大。

大西洋中的海底山和海底高原也没有太平洋和印度洋多，仅有的几座海底山全是火山活动形成的。

其中最大的是北大西洋的冰岛海底高原和南大西洋的沃尔维斯海岭，都是冰岛热点和特里斯林热点（海底热泉）活动形成的。

尤其是冰岛热点，由于它的活动经常导致中央海岭火山爆发，所以非常有名。

◑ 中央海岭

中央海岭又叫洋脊或大洋中脊，隆起于洋底中部，并贯穿整个世界大洋，为地球上最长、最宽的环球性洋中山系。其实太平洋、大西洋、印度洋的中央海岭都是连在一起的。

所以说中央海岭是全球性规模的。中央海岭的火山活动极其活跃。由于这些活火山活动，不断有新的海底形成，这些新生成的海底成为板块的一部分，并随之移动。全球 80% 的火山活动是在中央海岭发生的。

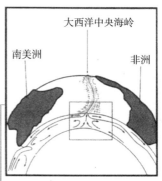

中央海岭的海底经常被新生成的熔岩覆盖。这些熔岩多呈枕状，被称为"枕状熔岩"。这是喷到水中的熔岩特有的形状。

地球上所有的海底都是由中央海岭产生的，所以枕状熔岩遍布整个大洋海底。由于多年的沉积，这些枕状熔岩上面有着几百米厚的沉积物。

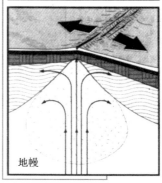

中央海岭的结构示意图

中央海岭上堆积的大量熔岩证明中央海岭处火山活动很频繁，但是人类至今还未目睹过深海火山的爆发。

一个重要的研究课题是：这种中央海岭的火山爆发活动究竟对海洋的环境有何影响？

在一些较靠近陆地的中央海岭处，科学家们安装了水下麦克风监视火山活动。当捕捉到可能是火山喷发的声音时，便立即派遣观测船前往。相信不久人类就可以目睹中央海岭的火山爆发了。

中央海岭的熔岩喷发活动应该是每10年左右发生一次。比之较频繁发生的是海底的热水活动。

中央海岭的活跃断层处不断有海水渗入。这些海水在地下2～3千米处与岩浆接触升温，从而从海底猛烈地喷射而出，温度约为350℃。这种热水中溶有多种海底地壳中的矿物，所以多为黑色。它的喷射口被称为"黑烟囱"。

这种热水活动可以产生海底金属矿，也可能在几百年间改变海水的化学成分。

并且在这些热水喷出区域集中了许多的贝类、虾、蟹、细菌以及深海植物，形成了一个巨大的生物群，被称为"深海的绿洲"。

由于海底的情况非常特别，所以有一种很有力的假说，认为地球上最早

拓展阅读

中央海岭的发现

19世纪70年代，英国"挑战者"号利用测深锤测量大洋深度，发现大西洋中部有一条南北向的山脊。1925—1927年，德国"流星"号用电子回声测深法对大西洋中脊进行了详细的测绘。20世纪30年代末，又相继发现了印度洋洋中脊和东太平洋洋中脊。20世纪50年代晚期，进一步获知这些海岭是相互连接的巨大环球山系，即中央海岭。

的生命是从中央海岭的热水喷出口处产生的。

▷ 海山链和热点

夏威夷岛在太平洋中央，岛上的基拉韦厄火山是地球上活动力旺盛的活火山。海底有着无数的海底山，形成了海山链。

图中夏威夷岛的西北部海域中有很多排列整齐的岛和海底山。

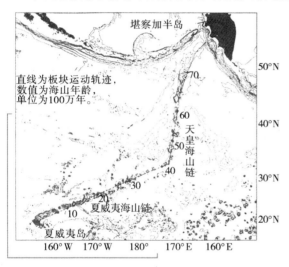

夏威夷岛处的热点移动

这便是"夏威夷海山链"。形成这一海山链的便是现在引发基拉韦厄火山爆发的"热点"活动。形成这些岛约用了4200万年时间。海山链的延伸方向便是太平洋板块的运动方向。

热点是由地幔中的火山岩浆上涌而形成的。地幔和地核的交界处（地下约2900千米深处）是热点最关键的发生源。

热点和板块活动无关，它的位置固定在地幔层中。因此热点引发的火山爆发会在移动的板块上留下轨迹。在海中表现为海山链。热点活动一般会持续1亿年以上。

如上图所示，4200万年前的海山链"天皇海山链"有一个朝向东南的急转弯。这一现象说明4200万年前太平洋板块的移动方向和现在不同，在4200万年后突然改变了方向。

热点共有 50 多个，几乎都在海洋中，这是因为如果热点在大陆上出现，就会致使大陆分裂，形成中央海岭，然后新的海洋就会诞生。

也就是说，热点会导致海洋的产生，所以热点多在海洋中。热点在诞生时会引发极大规模的火山喷发活动，对地球环境造成巨大影响。

但是热点究竟是如何产生的，至今还是个谜。随着对海洋和热点的研究的发展，相信总有一天会解开这个谜的。

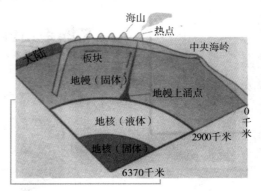

热点移动的概念

海沟的构造

"海沟"就如字面意义，是海底的"沟"，是海底最深的地方。

海沟呈细长形。一般的大洋海底最深处约为 6000 米，海沟的最深处则达 1.1 万米，是一般海洋深度的 2 倍左右，这一点表明海沟的确有它特殊的地方。

海洋侧的板块在海沟处沉入地球内部。由于板块的下沉作用，使得海沟变得很深。

海底一般都堆着厚厚的沉积物。海沟沿陆地分布，所以积满了从大陆上带来的泥沙。

但奇怪的是，一般的海底沉积物都在 1000 米左右，海沟处的沉积物则只有 100 米左右，更令人吃惊的是有的地方竟然完全没有沉积物。

海沟底部的沉积物之所以这么少，有两种假说。一种认为海沟就像一个可怕的地狱，将一切沉积物都吸入地下。也就是说，在海洋侧的板块沉入地下时将沉积物也一起带了进去。海洋侧的板块在下陷时不仅会将沉积物带走，还会磨损陆地侧的地壳并将其一起带入，这种海沟称为"侵蚀型海沟"，日本海沟是世界上有名的侵蚀型海沟。

拓展阅读

海底沉积物的形成

海洋在地球上已存在约 40 亿年了，在这漫长的地质年代里，由陆地河流和大气输入海洋的物质以及人类活动中落入海底的物质，包括软泥沙、灰尘、动植物的遗骸、宇宙尘埃等，日积月累已经多得无法计算了，最终导致海底沉积物的形成。

另一种假说认为，海沟底部的沉积物在海洋侧板块向陆地侧板块移动时，由于挤压作用而成为了地壳的一部分。

在这时不仅海沟底部的沉积物被挤压到陆地板块上，海洋侧的地壳也有一部分压到了大陆地壳上，这和海沟被称为"附着型海沟"。

海沟是多变的、不稳定的地形，不停地重复着侵蚀陆地地壳的过程。当然这些变化都伴随着大规模的地壳变化运动。

海沟不仅仅深邃无比，而且是地球生命力的一个体现。

海洋奇观与谜团

　　海洋的神秘是众所周知、有目共睹的，它给人类带来了不可计数的谜题：你听说过海洋中有透明的"冰"，以及漂浮着的"雪"吗？你知道海底"黑烟囱"是怎么回事吗？你亲耳听过海底那漂移不定的呼唤之声吗？海洋中有太多太多的奇观和谜团是人类所无法了解的，希望有一天，我们能真正了解海洋，拥有海洋。

 海底的"冰雪"世界

你听说过海洋深处有透明的"冰"与"雪"吗?

不久前,海洋科学家在我国南海海底就发现了这种奇怪的"冰"。它透明、无色,外表就像冰块一般,但给它加温,它就可以直接燃烧。科学家们称它为"可燃冰"。

可燃冰的学名叫"天然气(甲烷)

"可燃冰"是未来洁净的新能源

水合物",它是天然气被包进水分子中在海底的低温和高压作用下而形成的透明结晶体。当温度升高时,这种"冰"就开始融化,变成比原来固体体积大 100 多倍的可燃气体,自然就能直接燃烧了。

可燃冰比起石油、天然气来说其能量要大得多。1 立方米的可燃冰释放出的能量相当于 164 立方米的天然气释放出的能量。

科学研究证明,可燃冰一般是在气候寒冷、地层温度降

拓展思考

海底是可燃冰存在的最佳场所

可燃冰的诞生至少要满足三个条件:第一是温度不能太高,如果温度高于 20℃,它就会"烟消云散",所以,海底的温度最适合可燃冰的形成;第二是压力要足够大,海底越深压力就越大,可燃冰也就越稳定;第三是要有甲烷气源,海底古生物尸体的沉积物,被细菌分解后会产生甲烷。所以,可燃冰在世界各大洋中均有分布。

低的情况下，由分散在地层内的碳氢化合物不断积聚而形成的。因此，在海底水深 300～500 米的温度和压力下，都能生成可燃冰；在海底之下 500～1000 米的范围内也储存有可燃冰；而南海海底 600～2000 米以下的温度与压力，也很适合可燃冰的生成。许多国家为了研究与开发海底气体资源，投入了巨大的资金与人力。2001 年由德国、俄罗斯、乌克兰等国的数十名生物学家、化学家、海洋学家和地球物理学家共同组成的"流星"号考察船，前往黑海考察，

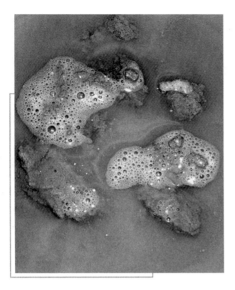

我国南海钻获"可燃冰"

并探明在加利福尼亚湾与北海、挪威海、鄂霍次克海、爱琴海，均储藏有大量可燃冰，有的海底可燃冰释放区域长达 1 千米，冰层厚达 6 米。黑海可燃冰在 60～650 米深处，有 150 个可燃冰矿藏，其储量居世界前列。长期从事黑海海底研究的海洋科学家叶戈罗夫曾乘潜水装置到黑海西北部海底，通过照明设备目睹水下奇观：在 226 米深处的平如地板的软泥海底上，坐落着高约 3 米的珊瑚状堆积物，其中许多物体随着水流方向倾斜，顶端的小孔不时吐着一个个气泡，在小孔周围有一片

拓展阅读

可燃冰的危害

　　可燃冰在给人类带来新能源前景的同时，对人类生存环境也提出了严峻的挑战。可燃冰中的甲烷，其温室效应为二氧化碳的 20 倍，全球海底可燃冰中的甲烷总量约为地球大气中甲烷总量的 3000 倍，若有不慎，让海底可燃冰中的甲烷气逃逸到大气中去，将产生无法想象的后果。

片厚厚的死菌层，大量的甲烷从这些物体中释放到水中，1平方米的海底，一天一夜约释放13万立方米的气体。他曾在一次考察中，在通过回声探测器测定海底冒出气流的地方放下一个特制的捕集器，从水中分离出甲烷，并在它上面煮过咖啡。据探测，南海海底也有可燃冰的生成，总能量估计相当于我国石油总量的

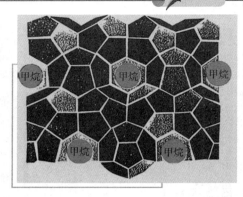

可燃冰内部的笼状分子结构

50%。我国东海也发现了可燃冰的踪迹。

科学家告诉我们，全球可燃冰矿藏储量十分可观，它的总能量是所有煤、石油、天然气总和的2~3倍。如果把这些蕴藏在海底的所有可燃冰开采出来，可供人类使用6.4万年。这是多大的一笔财富，而这种工业开采的目标，科学家们正在努力变理想为现实。这样，人类也就不再为未来的能源缺乏而发愁了。

海底有纷纷扬扬的"雪花"吗？有的。当潜艇钻进漆黑的北冰洋海底时，在探照灯灯光照耀下，一幅奇妙的"雪景"便出现了：无数的"雪花"成串成串地在海水中飞舞，此情此景，与北冰洋上空下的雪没有什么两样。

当然，这些"雪"不是天空中下的那种雪。它是"海雪"，是大量的生物死亡后被分解而产生的碎屑，大陆水流携带的各种各样、大大小小的颗粒形成的絮状物。它们在海水中相互碰撞着，像滚雪球一样，越滚越大，形成悬浮物，在海水中漂浮着、飞舞着，只是不像雪花那样晶莹罢了。"海雪"的奇观是海水中光学作用所造成的结果。

🔍 猛烈的海底风暴

海底并不平静，各种激流常在海底兴风作浪而形成凶猛的风暴潮，虽然这种暴发的海底风暴只在部分海底存在，但它却十分强烈，破坏力很大，在北大西洋和南极洲尤为常见。

海洋科学家们乘坐全封闭的潜艇下潜至 5000～6000 千米的深海海底观察海底风暴的情景，在海底风暴袭来时，所经之处，无论是底栖生物还是礁石，都被掩埋在沉积层下。海底风暴还导致海底"尘暴"发生，在海底"尘暴"中，海底摄像机连 1 米远的地方也看不清。在 5556 米深的海域发生的海底风暴，可推动海水以每小时 1852 米的速度前进。

科学家们对海底风暴进行了更深入的考察与观测，发现海底一旦发生风暴，海水便以高达每秒 50 厘米的速度流动着。在一些海域，这种风暴每年要发生 5～10 次。最凶猛的海底风暴的破坏力，相当于风速 160 千米每小时的风暴所造成的破坏（根据通常计算，风速超过 120 千米每小时，便可称之为飓风）。

海底为何会发生风暴，并使海底的水浑浊不堪？科学家们在诺瓦斯科特亚南部海域进行了一次科学考察，他们采集了海底水样，拍摄了海底照片，测量了海水透明度，对海底进行了长时间的连续测量，发现海水

拓展阅读

海底风暴来袭

当海底风暴袭来时，海底下也会发生类似陆上沙漠尘暴的景观。海底风暴所经过之处，横扫一切，无论是爬行动物、植物，还是礁石和海底通信电缆、测量仪器都会被掩埋在沉积层之下。在某些海域，这种海底风暴每年要发生 5～10 次。

浑浊程度随地点、时间变化而不同，愈靠近海底海水愈浑浊，但过了一段时间又突然变得清晰起来。实验结果表明，这是由于一股潜流在海底滚滚奔腾而造成的。

人造地球卫星探测

人们知道，海底风暴是在一些海洋和大气现象的能量积聚到一定程度，足以产生海底"飓风"时暴发的，首先出现的是漩涡，即大面积的连续不断呈螺旋状的旋动。科学家们应用人造地球卫星和海水流量记录仪表对不同深度的海域进行探测发现，有些海区的海面漩涡可以一直传到海底，例如从塔拉哈西海域的观测记录中可以看出，海面的漩涡引起的水流沿着一个垂直面向不同的深度延伸，直至海底。漩涡只在海面或接近海面的水域旋动，怎会波及并搅动数千米深的海底海水呢？科学家霍利斯特对从海底取出的泥状岩芯样品进行了检测，发现岩芯底层有波纹状结构，而上层则是较年轻的沉积物。因此他认为这些波纹状结构是远古时期海水高速流动时划在泥土上的痕迹。由于各处海洋均有漩涡存在，当漩涡带动深海海水朝某一方向运动时，一些洋流也朝这一方向流动，这样洋流与漩涡诱发的激流便融为一体而形成迅猛的洋流，如此时大气风暴降临某一海域，便会与洋流、漩涡融合而成的迅猛洋流相结合，进而形成海底风暴。

▶ 海底洞穴探奇

在浩瀚无际的大海海底，到处都有神秘的洞穴。它们有的幽静、深邃，

海底洞穴存在着许多未解之谜

在那里栖息的海底生物令人恐惧；有的激流汹涌、永不停歇，犹如陆地上的地下河流；有的喷出股股水流，夹杂着泥沙冒出。然而，勇敢而好奇的探险者，早对海底洞穴探险产生了浓厚的兴趣。

海底洞穴存在着许多不解之谜。印度洋的"无底洞"位于印度洋北部海域，半径约 5556 米。印度洋的洋流属于典型的季风洋流，受热带季风影响，一年有两次流向相反的洋流。夏季盛行西南季风，海水由西向东顺时针流动，冬季则刚好相反。"无底洞"海域不受这些变化的影响，几乎呈无洋流的静止状态。1992 年 8 月，装备有先进探测仪器的澳大利亚"哥伦布"号科学考察船，在印度洋北部海域进行科学考察。他们认为"无底洞"可能是个尚未被认识的海洋"黑洞"。根据海水振动频率低且波长较长的特点，"黑洞"可能存在着一个由中心向外辐射的巨大引力场，但这仍有待进一步的科学考察来验证。无独有偶，在地中海东部希腊克法利尼亚岛附近的麦奥尼亚海域，有一个许多世纪以来一直在吸纳着大量海水的"无底洞"。据估计，每天失踪于这个"无底洞"里的海水竟有 3 万吨之多。为了揭开这个"无底洞"的秘密，美国地理学会曾派遣一支考察队去那里进行科学考察。科学家们把一种经久不变的深色染料溶解在海水中，观察染料是如何随海水一起沉下去的。接

海底洞穴

着，又察看了附近的海面以及岛上的各条河流和各面湖泊，希望能发现这种染料的踪迹和同染料在一起的那股神秘的水流，然而这些试验却毫无结果。

该试验完成后的第二年，科学家们又进行了新的试验。他们用玫瑰色的塑料小粒给海水做了"记号"。这些东西既不会溶解于水中，也不会完全沉下去，因为它们的密度是各不相同的，分别具有与海水、河水相同的密度以及介于海水、河水之间的中间密度。他们把质量130千克的这种负有特殊使命的物质，统统掷入打旋的海水里。一会儿，所有的塑料小粒就被旋转的海水聚成一个整体，全部被无底深渊所吞没。科学家们对这次试验寄予了极大的希望，他们渴望着能把秘密揭穿，哪怕能在附近找到一粒玫瑰色的塑料小粒也好。然而，他们的计划仍然落空了。至今，谁也不知道为什么这里的海水竟然会没完没了地"漏"下去，这个"无底洞"的出口又在哪里，每天大量的海水究竟流到哪里去了。

在西班牙沿岸的维林西亚海湾，有一海底洞穴，潜水员马纽尔·西里维亚和他的法国朋友一起来此进行潜水探险工作。一天黎明，他们来到冰凉的低潮海水中潜入时，发现这里仿佛有一股粉白色的探照灯灯光从岩礁前边照射出来。于是，他们就游到那里看个究竟。经过仔细观察，他们发现这股强烈的灯光是从水下一个洞口处射出来的，这个洞口通向一个狭长的岩洞。他们为了探索这个神秘的洞穴，艰难地潜游了半个多小时，突然间粉白色的灯光不见了，他们完全沉陷在茫茫的黑暗之中，只好掉头慢慢游回原来的地方升上海面。第二天上午9点，两名潜水员又来到岩洞的洞口进行考察，可这次再也没有看到灯光从洞口射出来了。他们分头游，找了很长时间也没有看到灯光，

拓展阅读

热带季风气候的形成

热带季风气候分布于北纬10°～25°的大陆东岸。来自蒙古西伯利亚高压的冷气团在南下过程中，受地转偏向力影响右偏为东北季风，在逐渐南下的过程中逐渐升温，升温后这股冬季风高温干燥，吹过东南亚，形成热带季风气候。

只好又扫兴而归。他们在想：难道这个海底洞穴是一个神秘的幻境吗？他们一连数天在讨论研究着这个洞穴之谜，最后决定还按照发现粉白色灯光的那个黎明的时间再次去探索，于是选了某日黎明潜入海底。果然粉白色灯光从远处闪耀着他们，他们迅速朝灯光方向游去，但到了岩洞口灯光却又消失了。为了弄个明白，他们像登山运动员那样用尼龙绳子拴着身体，顺着洞口爬进洞里

射向洞内的阳光形成了反射

去了，虽然岩洞深处十分明亮，但找不到灯光的出处。经过一段长时间的考察，终于找到答案：他们精确地测量了海水深度、太阳在早晨升起时的角度，尤其在 10 月份时他们精心观测了朝阳照射的倾角。他们发现这个倾角只有 10 月份时才能到达海水的表面而射入岩洞的洞口，大量的光线组成了光束射向洞内，便形成了粉白色的阳光反射。这种自然现象既是海洋光学研究的对象，也是海洋地质学研究的课题。

知识小链接

钟乳石

　　钟乳石又称石钟乳，是指碳酸盐岩地区洞穴内在漫长地质历史中和特定地质条件下形成的石钟乳、石笋、石柱等不同形态碳酸钙沉淀物的总称，钟乳石的形成往往需要上万年或几十万年时间。由于形成时间漫长，钟乳石对远古地质考察有着重要的研究价值。

　　在一些海底洞穴中，不仅有千姿百态的钟乳石和巍峨挺拔的石林，还发

现有古象的胫骨、古鲨鱼的牙齿以及旧石器时代人类使用的投掷标枪等史前遗物。1975 年，美国海洋学家们在墨西哥湾那不勒斯附近的海底洞穴的峡谷中发现了一片淡水泉眼，水温是 36℃，在泉眼附近一堆 10 多米厚的沉积物中

海底洞穴中的钟乳石

挖出了一个远古人类的下颌骨，在一块质量 7 吨左右的圆石底下还找到一块钟乳石，在钟乳石上的沉积物中有一堆古代人类遗骨残骸。据他们分析，这里很可能是古代葬场的遗址，近处还有一块质量达 20 吨的大块钟乳石，它横卧在岩洞深处的海底。洞穴学家与考古学家采集了许多标本带回实验室，同时使用放射性碳元素进行鉴定分析，确信这些人类骨骼残骸是属于生活在美洲当地的远古人类。他们生活的年代距今已有 1 万多年的历史（前 8360—前 6000 年），而这些巨大的钟乳石的地质年代就更为久远了。

此外，考古学家还在海底洞穴中发现一只粗大的古象胫骨，根据使用放射性碳元素进行的鉴定证明，这是距今已有 100 万 ~ 6000 万年前第三纪时生活在陆地上的巨大乳齿象的胫骨。不久，潜水员在洞穴中又找到 2500 万 ~ 5 亿年前古生代巨大长毛象的一枚臼齿、两枚较小的乳

拓展阅读

在中国发现的乳齿象

1986 年，在中国陕西省的汉江边上，发现了一具近似完整的乳齿象骨架。人们发现，虽然同为乳齿象，但这种仅生活在我国的种类与其他乳齿象有很大区别。它个头中等，头和下颌都较短，上门牙细而直。最特殊的是它的颊齿（槽牙），牙面上既有强大的乳头状突起，能压磨植物，又有微小的山脊状的突起，能切割植物。

齿象的牙齿和一枚粗大的乳齿象的弧形门齿。这些稀有的史前遗物甚至已经在地球深处沉睡了几亿年。

潜水员还在海底洞穴中发现旧石器时代人类使用过的投掷标枪，它的前端绑扎着骨制的尖钩，后端是标枪的托把，标枪中间绑着一块坠重和控制方向的石块。显然，它是用于打猎和捕鱼的。

充满着神秘、幽深、神话般的海底洞穴世界，引起勇敢、好奇的探险者们的浓厚兴趣，随着科学技术的进步与发展，如今，西方一些国家还把海底洞穴探险作为一项运动。由于它的刺激性、冒险性而吸引着探险者们。他们系上装有混合气体的气筒或类似太空宇航员们用的循环再用气筒、海底滑行车、大功率的照明器材和安全带潜入海底 100 米、200 米、300 米深的洞穴中去探险。

壮丽的海底峡谷

神秘的海底如同陆地一样，也有绵延的群山和纵横的山谷，它们像枝杈一样分布在深深的海底。

海底峡谷一般横贯在大陆架和大陆斜坡之间，它是两岸陡立、高差很大的凹槽，横断面呈"V"字形，与陆地上的峡谷颇为相似。

海底峡谷是异常壮观的，两壁悬崖异常陡峭，谷底向下倾斜直入海底。许多峡谷的气势超过了世界著名的中国长江三峡和美国的科罗拉多大峡谷。例如，从恒河口到孟加拉湾，有一条宽 7000 米、深 70 多米、长 1800 千米的海底峡谷，一直潜入 5000 多米深的印度洋洋底，整个峡谷所占面积超过恒河流域的面积；刚果河峡谷在海底延伸 260 千米，直达 2150 米深处；起自哈得孙河的峡谷，向海洋延伸近 400 千米，像一条巨龙，尾留在大陆架，头探进了海洋深处。

科罗拉多大峡谷

科罗拉多大峡谷是科罗拉多河的杰作，是一处举世闻名的自然奇观。位于美国西部亚利桑那州西北部的凯巴布高原上。大峡谷全长446千米，平均宽度16千米，最大深度1740米，总面积2724平方千米。它是联合国教科文组织选为受保护的天然遗产之一。

拓展阅读

虎跳峡

虎跳峡位于中国云南省玉龙雪山和中甸之间的金沙江干流上。虎跳峡全长16千米，分为上虎跳、中虎跳和下虎跳三段，始于金沙江及其支流硕多岗河汇合处，止于玉龙县大乡县一带。虎跳峡两侧岩石多为片岩和大理岩，宽度仅60～80米，天然落差200多米，水流湍急，水力资源丰富。

有些海底峡谷令人惊异。例如，在美国加利福尼亚海岸附近，卡萨哈纳群岛的北面，有一条奇特的海底峡谷，它坐落在1200米深的海底，那里没有任何生物，甚至连微生物也无法生存。这一现象引起了美国圣地亚哥海军电子研究所专家的注意。经过研究，他们发现这条海底峡谷没有一丝氧气，生物一旦误入此地，就会因缺氧而死亡。因此，这条峡谷被人们称为"死谷"，是地球上无生命的"真空地带"。当然，这并不是海底峡谷的普遍现象，有许多海底峡谷是生物繁盛的世界。

目前全球海洋中已发现的海底峡谷有数百条，它们分布最多的地带是在北美洲东西两岸。

海底峡谷

关于海底峡谷的起因，众说纷纭。陆地上的峡谷是河流穿越群山，在漫长的岁月中将岩层切开而形成的，如我国的金沙江虎跳涧、黄河刘家峡等，即属于此类型。因此，有人推测，海底峡谷原先高于海平面，在河流的冲刷下形成，之后，随着地壳的运动，慢慢地使这一部分没入海底。更多的科学家则认为在"冰河"时期，海平面显著下降，大陆架变成大面积的浅水区，当风暴骤起时，浅水区的软泥和沙子都被搅了起来，产生比重较大的沉积层。这种沉积层在地震作用下就像一股巨大的激流，从大陆架流出，沿着大陆坡流到大洋底。由于大陆坡是地壳活动的频繁地带，强大的海底沉积流在地壳活动时顺着海底裂缝滑动，经过漫长的岁月，不断地侵蚀，就形成了今天的海底峡谷。这种沉积流的力量大得惊人，有人做过这样的实验，水层厚 4 米的沉积流，在坡度只有 3°时，它的流速达每秒 3 米，能推动一块质量为30 吨的巨石。当然，以上仅仅

拓展阅读

航海图

航海图是海洋地图的一种，是海上安全航行的指南。世界上最早的海洋地图是 14 ～ 17 世纪的波特兰型海图，专门供航海用，图上布满放射状的方位线，航行者借助这些方位线和罗经仪，可以随时测定船在海洋上的方向。图上还详细绘出海岸线、海湾、岛屿、海角、浅滩、沿海山脉以及有助于航海的地标性物体。现在的航海图要比波特兰海图复杂得多，除了标有明确的航道外，海洋水文要素、海底地形、近海陆地地貌、航行障碍物、助航设备以及港口、海峡、岛屿、风向、方位都用适当的图例在图上表示出来。

是一种理论推测，究竟是什么原因，还需要进一步探索。

研究海底峡谷有助于航海事业，如位于美国纽约与欧洲之间的主航道经过几条海底峡谷，美国国家海洋局将这些海底峡谷绘制成航海图，当船舶驶入第一条峡谷时，便打开回声探测仪，船舶便可横越峡谷。同时，还可测出船舶的位置，进而计算出船舶的速度。其次，海底峡谷的研究对探索地壳结构、海洋与大陆起源等课题，也有着十分重要的意义。

海底怪物

近百年来，关于不明潜水物的目击报告已多达数百起。

1817 年 8 月，在美国马萨诸塞州的一海港，200 多人同时看到一"蛇怪"，身长 40 米，脑袋像乌龟头，体粗如桶，浑身呈暗褐色。几名乘小艇在海上垂钓的工人见状，便掏出手枪在离怪物 20 多米处开枪射击，击中其脑袋，但该怪物很快隐入深海中不见踪影了。

海底潜水

1897 年 6 月，法国"阿法拉什"号炮舰在阿洛格海湾遇上两条蛇形的不明物，身粗达 3 米，长约 20 米，炮舰向该怪物全速冲去，并在距其 300 米处开炮，未击中，其中一个怪物钻进海中后迅速从炮舰尾端钻出，企图撞击炮舰，船员见状，惊讶不已。

1904 年 4 月，法国炮舰"德西"号，停泊在越南海防港附近的阿龙湾。一次，水手们目睹一巨大海怪升出水面，长达 30 米，全身裹着一层柔软的黑皮，点缀着大理石斑点，5 米长的头上长着大鳞片，活像大海龟的头，它喷出的水柱高达 15 米，在离炮舰 35 米处沉入海底。

1917 年 9 月，距冰岛海岸东南 12.9 千米处，一艘巡洋舰几乎与一庞然怪物相撞。这怪物浑身黑色，硕大的脑袋像牛头，但无耳、无角，额头上饰有白色条纹，它的鳍像块三角板，脖子长达 6 米，活动起来像蛇游，一转头，颈部便变成半圆形。

海底世界

1938 年，在爱沙尼亚的半月达海滩上，出现一个"蛤蟆人"——鸡胸、扁嘴、圆脑袋。当它发现有人跟踪它时，便一溜烟跳进波罗的海，速度之快，使人几乎看不见它的双腿。时隔半个世纪，美国南卡罗来纳州比继尔市郊沼泽地里，多次出现一种半人半兽的"蜥蜴人"，身高达 2 米，一双红眼睛，全身披满厚厚的绿色鳞甲，每只手仅 3 根手指，力气过人，跑起来速度很快。

1951 年 10 月 3 日深夜，在亚速尔群岛西南部停泊的一艘巴西装甲舰，突然从海面上消失得无影无踪，当时海面上风平浪静，也没有听到爆炸声响。第二天清晨，飞机在海面搜寻，机上人员发现海面有一黑色怪物在飞快游动，并出现亮光，这一黑色物体是什么？是它吞掉了装甲舰，还是撞毁了装甲舰而又不留丝毫痕迹？不得而知。

广角镜

驱逐舰

驱逐舰是以导弹、鱼雷、舰炮等为主要武器，具有多种作战能力的中型军舰。驱逐舰主要用于攻击潜艇和水面舰船，以及护航、侦察巡逻警戒、布雷、袭击岸上目标等，是现代海军舰艇中，用途最广泛、数量最多的舰艇。

1963 年，在波多黎各东面的海里，美国海军在进行潜艇作战演习时，发现一条带螺旋桨的"船"，在水深300米的海底游动，时速达280千米，其速度之快，是现代科技所望尘莫及的，美国海军的13个单位都看见了它。他们还派出一艘驱逐舰和一艘潜艇去追踪，追了整整4天也没追上，不知是什么怪物。

海底鱼群

1973年初，一位名叫丹·德尔莫尼的船长，在大西洋斯特里海湾发现水下有一形似雪茄烟的物体，全长50米，以110～130千米的时速航行，直向船长所在的船头奔来。当船长还惊魂未定之际，它却悄然擦着船边快速游去。

1973年末，挪威的军舰在感恩克斯的岐湾发现一个被称为"幽灵潜水艇"的海底怪物。用多种武器攻击它，竟毫无反应。当它浮出水面时，竟使军舰上的无线电通信、雷达和声呐全都失灵，当怪物消失时，才又恢复正常。

1991年8月，美国职业捕鲨高手在加勒比海海域捕获11条鲨鱼，其中一条长达183米。当渔民们解剖这条虎鲨时，在它的胃里发现一副异常奇特的骸骨骨架，骸骨上身$\frac{1}{3}$像成年人的骨骼，但从骨盆开始却是大鱼骨骼。经警方检验后由专家进一步研究，并将资料输入电脑，根据骨骼形状绘制出美人鱼形状，得出结论是半人半鱼的生物。

美国太平洋舰队官兵，曾不止一次地在太平洋某些水域上空目击到一种会"分身法"的圆柱形不明飞行物。圆柱形不明飞行物中还可以飞出更小的不明飞行物。它们钻进大海，然后又从海中飞出返回原来的圆柱形不明飞行物中。转瞬间，便又消失得无影无踪。这些出没于海天的"怪物"，被飞碟专家称为"USO"。

USO

"USO"是"不明潜水物"的英文缩写。1902年，一艘航行在非洲西海岸几内亚海域的英国货船上的一名水手第一次看见USO。此后，关于USO的报道时有所闻。

这些海底奇特的不明物，究竟是什么？科学家们进行了种种分析：有人认为，它是史前人类的另一分支，因为人类起源于海洋，现代人类许多习性与器官明显地留着从海鱼、海兽进化而来的痕迹。而这些特征，诸如爱食盐、会游泳、海生胎记、爱吃鱼腥等，则是陆上其他哺乳动物所不完全具备的。有人则认为，这是一些智能动物。究竟是什么，随着科学的进一步发展，准确的答案必然会浮出水面。

诱人的海底公园

大海给予人类的不仅是无尽的宝藏、巨大的能源，还给我们提供了神奇美妙的海底公园。晶莹剔透的海底，花团锦簇的珊瑚丛，五彩斑斓的鱼群以及点缀其间的各种贝壳、海星等，绝不亚于陆地上的景色。

基本小知识

海　星

海星是海生无脊椎动物的统称，属棘皮动物。体扁，星形，具腕。现存1800种，见于各海洋。多数雌雄异体，少数雌雄同体；有的行无性分裂生殖。海星能向任何方向爬行，甚至爬上陡峭的坡面。低等海星取食沿腕沟进入口的食物粒。高等种类的海星胃能翻至食饵上进行体外消化，或将食物整个吞入。

海底公园

有人这样描述我国南海海底的景色：红色的珊瑚骨枝丫好像那秋日枫林，绿色的珊瑚犹如映日荷叶，枝杈稀疏的珊瑚与穿游其间的蓝黄相间的花斑鱼，构成一幅五彩缤纷的诱人画面。

位于澳大利亚大陆东北岸大堡礁的景致更加令人惊叹，被称为世界上最壮观的海底公园。这个由珊瑚岛组成的海底公园，绵延2000多千米。不可计数的珊瑚虫在这里营建起大量珊瑚礁，构成了一条面积庞大的大堡礁防波堤，太平洋汹涌澎湃的怒潮，一触及礁石，就化作一阵绵绵的细雨，向四面洒溅。晚上，你若带着潜水聚光灯潜入海底，色彩鲜艳的珊瑚树的枝丫在灯光的照射下，就像一丛丛盛开的小花。那些身子轻快、金光闪闪的蝴蝶鱼、天使鱼、雀鲷、燕鱼游过，像鸟儿疾飞一般。那彩霞般披挂的软体动物蠕动着肥胖的身体，煞是好看。在这里，人们可以看到一种稀有的鱼类——蝠鲼，鱼体宽大扁平，性情十分温顺，你若突然出现在它面前，它会给你来个漂亮的翻身，为你让出通道，它还会盘旋在你的头顶，要是你大胆

知识小链接

大堡礁

大堡礁是世界上最大最长的珊瑚礁群，它纵贯澳大利亚东北昆士兰州外的珊瑚海，北起托雷斯海峡，南至南回归线以南，绵延2600千米左右，最宽处161千米。约有2900个独立礁石以及900个大小岛屿，分布在约344 400平方千米的范围内，自然景观非常特殊。大堡礁是由数十亿只微小的珊瑚虫所构成的，是生物所建造的最大物体，就算从外太空也能看到。

地爬到它背上，它还会慢慢地带着你往下沉，随后翻个身，一溜烟游开。这里还有一种鹦鹉鱼，它能从口中吐出黏液，"织成"一顶透明的帐子，让自己躲在里面睡觉。

在这座海底公园里，各种生物仿佛都有自己被分封的领地，即使是一只小小的热带鱼，它的领地小得只是一块礁石上的海葵，但若有入侵者，它也会不顾一切地冲过去，直到赶走入侵者。

海底的珊瑚就像一座大旅馆，为各种鱼提供住宿的方便，鱼则以体内排出的废物作为代价交纳"房租"，因为这些废物正是珊瑚所需的极好的养料。每当夜晚来临，白天不露面的生物都出来了。海蟹、海星等，尤其是蠕虫，只要见到光，它们会成千上万地扑上来，真有大兵压境之感。澳大利亚政府把这拥有多种珊瑚与1500多种鱼类的大堡礁建成海底公园，采用许多先进的通气管与配套的水下呼吸设施，让旅游者一饱眼福。

知识小链接

蝠鲼

蝠鲼是一种生活在热带和亚热带海域底层的较骨鱼类。一般体扁平，宽大于长，最宽可达8米，体重3000千克。它有强大的胸鳍，类似翅膀，在海洋中巡游，胸鳍前有两个薄、窄似耳朵的突起，可以向口中收集食物。它主要以浮游生物和小鱼为食，经常在珊瑚礁附近觅食，性情温和。

海底公园还用奇妙的方法收留、抚养多种生物。在加勒比海上，有一座球状的珊瑚岛，每当夜幕降临，在这海岛四周的海面上会发出一种奇妙的吟唱声，还不时地闪耀着忽明忽暗的亮光，这就是世界上最繁茂的海洋植物园。这里有着茂密的珊瑚树丛，交织成一张稠密的天然大网，每当海水向前涌动时，大网便将海水层层过滤，使无数随着海水而来的微生物留在珊瑚树枝上，

海底珊瑚

海水被不断地过滤，微生物也就愈来愈多，从而成了巨大的海底微生物乐园。这些微生物大都能发光，每当它们聚在一起，夜间便发出幽蓝色的光亮。由于海水在珊瑚间不断冲击而形成了奇特的洞隙，这些洞隙的四壁被许多红、绿、黄色的海绵、海星等装饰得美丽非凡，就像圣诞树上满挂着的各种色彩缤纷的礼物，让人们随意采拾。

大海，就是这样一个纷繁的世界，美潜藏在它的深处。海底公园正是美的表现，它有着诱人的魅力。

神秘的海底之光

1967 年，第三次中东战争期间的一天晚上，一队配备着现代化武器的士兵正在西奈半岛海岸巡逻。突然间，他们发现前面的一片珊瑚礁旁有绿色的荧光团在闪闪发光。士兵们立即紧张起来：莫不是敌兵要从海上来登陆偷袭？面对这一严重情况，指挥官决定先下手为强，命令士兵向敌人发起进攻，冲锋枪朝着那团荧光猛烈扫射，手榴弹准确地在珊瑚礁上炸响，好一会儿过去了，却不见对方有丝毫反应，难道敌人全部被歼灭了？于是，士兵们呐喊着冲到珊瑚礁前，都准备争个头功。不曾想到的是，士兵们见到横七竖八躺着的都是黑色小鱼，鱼眼发出幽绿色的荧光。原来，"偷袭者"竟是一群黑色的小鱼。

事后，经生物学家的鉴定，才知道这是一种白天栖息在海底洞穴中、夜晚出来活动的光脸鲷。这种鱼的头大嘴小，在每只眼睛的下方都长有一个黄豆般的发光器官，它的亮度跟一只电力稍弱的手电筒一样，在漆黑的海水中，潜水员在 15 米外都能看见这种光亮。

其实，在海洋中有几千种生物能发光。据科学家的测算，在终年漆黑如墨的深海底，90% 的生物会发光。1945 年，法国一位潜水员，乘深海潜艇潜入 2100 米深的海底，当他打开探明灯时，看到一幕瑰丽的海底焰火：一只长约 45 厘米

海　鳃

的乌贼，从漏斗中喷射出一滴闪光的液体，在深海中很快散发成光焰夺目的绿色焰火。随之，另外两只乌贼又喷出两滴闪光液体，在水流的作用下，形成一大片令人眼花缭乱的流体焰火云，在水中持续了近 5 分钟。生活在印度洋约 3000 米深海底的乌贼有着同时发出 3 种光亮的本领；还有一种生活

趣味点击　"上当"的光脸鲷

海洋生物学家做了一个有趣的实验：把捕捉到的光脸鲷放在室内的水族箱里，同时做了一个能闪光的光脸鲷的精细模型。当模型被放入水族箱的时候，光脸鲷就纷纷向模型游来，并拉下皮膜、闪显出黄绿色的光。这说明了光脸鲷的闪光是彼此联络的信号，也是它们群居生活的一个特征。

在海底的鱼，更为奇特，它能把发出的光照进自己的气囊内。它的气囊颜色是银白色的，能够反射射入气囊的光，通过肌肉发生散射，使鱼的整个下部发出奇异的光亮，肛门上的两个发光点发出铁锈色的光，腹部发出青光，两眼发出蓝光。深海中的翻车鲀，则是红、黄、蓝、白光交相辉映，在黑色的海幕上，显得煞是好看。

当它在深海中游动时，活像一只浮动着的飞碟。

海洋生物为何会发光？水生生物学家经研究得知，它们发光的原因之一是为了防御其他动物的侵害。乌贼在漆黑的深海中发出光芒四射的光带或烟云，使得天敌眼花缭乱，它便趁机逃之夭夭；光脸鲷在受到敌方威胁时，突然亮一下发光器，以迷惑对方视线，接着，迅速关闭光源，改变自己游弋的方向，等猎捕者赶到，光脸

会发光的乌贼

鲷早已不知去向；还有一种叫海鳃的动物，竟会用"借刀杀人"的办法，当敌方接近它时，它便发出光来，照射在"侵犯者"身上，使"侵犯者"原形毕露，被更大的掠食动物捕获。

你知道吗

乌贼是向后运动的

乌贼头部腹面的漏斗是乌贼重要的运动器官。当乌贼身体紧缩时，口袋状身体内的水分就能从漏斗口急速喷出，乌贼借助水的反作用力迅速前进，由于漏斗平常总是指向前方的，所以乌贼运动是向后的。

鱼类通常都有趋光性。海底生物发光的另一个原因，就是用光来诱捕或猎取食物。鳍鲸鱼便是其中之一。它的头顶上有一个长着倒刺的"钓竿"，长度约为自己体长的12倍，"钓竿"的顶端有一盏可随意发出柠檬色、红色、蓝色和白色光的"灯笼"。它在水中摇来摆去，诱惑小鱼向它靠近。在小鱼还没弄清怎么回事时，它就一口把小鱼吞掉了。枪乌贼的手段也不差，它那相当于体长15倍的触角的触腕上，覆盖着既毒又黏的花蕾腺体，在海底闪闪发光，吸引着甚多的无辜者自投罗网。

海洋生物发光的原因还有一个更为普遍的功能——寻找同伴、引诱异性。

美国加利福尼亚大学的生物学副教授莫林，曾经做过这样一个有趣的试验：把两条从海底捕获的电筒鱼带回实验室，将它们置入暗室里的相邻透明的水箱中，发现这两条鱼用迅速开闭发光器的方式互相打着信号。当莫林教授把一块黑色的木板置于两水箱之间时，这种闪光的"灯语"便立即停止了。

枪乌贼

海洋生物发光的原因还有一个更为普遍的功能——寻找同伴、引诱异性

　　给海洋底部带来神奇光彩的远不止鱼类，早在18世纪中叶，法国的特夫因侯爵在海上探险途中，就曾从深海底打捞上一簇灌木状的发光珊瑚。当时，它正放射出比"20个火炬"还要明亮的火焰，把黑夜照得通明。为此，特夫因在航海记事上这样写道："所有的珊瑚枝条上都在放射着灿烂夺目的光焰，它们忽明忽暗，变幻莫测，忽而由淡紫色变成深紫色，忽而由红色变成橙黄色，有时又由淡蓝色变成浓淡不同的绿色……光焰最亮时，6米外的地方，报纸上最小的字都能看到。15分钟后，光焰熄灭了，而珊瑚全变成了枯枝。"

　　海底绝非暗无天日的世界，如果你置身海底，展现在你眼前的必定是一个群星璀璨的"天空"，闪耀着的"星星"，宛若一条生命的银河，装点着无垠的海底世界。

▶ 探险海底热泉

一条深海底的电筒鱼，在黑暗、冰冷、死一般静寂的海底，打着它那盏淡蓝色的长明灯，板着冷酷的面孔，慢慢地朝"阿尔文"号载人潜水器游来。它打量着这从未见过的不速之客，绕了"阿尔文"号潜水器一圈，从嘴里吐着气泡之后，又慢慢地离开了，消失在黑暗中。

这令人惊奇的一幕，破坏了潜水器内几位科学家的情绪，在 1500 米的海底，太阳光线已无法照射到，水温只有 2℃，而且越往下潜水温越低，眼见那只动作缓慢而又可怕电筒鱼的这番举动，科学家们不能不感到惊奇。然而，科学家们懂得科学的探索是极其严谨的，决不能受感情的影响，他们没有忘记寻找海底热泉的使命。

基本小知识

电筒鱼

电筒鱼生活在印度洋亚平宁环礁的水下，它圆柱状的身体像一只手电筒。电筒鱼的嘴巴上方的头盖上长着一个能发光的肉瘤，它发射的光不散射，直照前方。这个发光肉瘤是电筒鱼用来引诱一些小鱼小虾的秘密武器。当小鱼被光吸引来到电筒鱼面前时，电筒与就可以大快朵颐了。

"阿尔文"号潜水器继续朝着北纬 21° 的东太平洋海底巨大的山脉驶去。这里，海水更深了，"阿尔文"号不断地往下潜，2000 米、2500 米，最后潜到了 2700 米深处。接着"阿尔文"号沿着海底山脉的峡谷行驶着。

绕过一道道山崖，跨过一条条沟谷，科学家们密切注视着前方，奇迹出现了，眼前是一幅令人瞠目结舌的奇特景象：海底耸立着大小不一的"烟

海底热泉

囱",大的直径约 25 米,高 10 米左右,正在冒着白烟和黑烟,还有一些高 5~10 米的是已不再冒烟的空心柱,周围海水温度骤然上升,成了热海水。科学家们意识到了,他们要找的海底热泉就在眼前。

紧张的科学研究工作开始了,准备工作是在兴奋的心情中完成的。

"阿尔文"号具备能在高温的海水中作业的条件与优势。渐渐靠近"烟囱",并由机械手把探温的温度计伸进"烟囱"里去,可谁也没想到,当他们拉出温度计时,嵌在上面的塑料管却早已熔化了,这不禁使他们倒吸了一口凉气。

这时,他们才发现"烟囱"里冒出的竟是一股股超临界状态的高温热水,那"烟囱"里冒出的"白烟"温度高达 400℃,"黑烟"的温度稍低,在 2700 米深的海底达到 1013.25×270 百帕大气压,都远远超过了水的临界点。几个科学家惊奇地挤在仪器前,都想看看这令人难以置信的数字。他们借助灯光和各种现代化仪器,对这一壮观的海底热喷泉进行了周密的考察和研究。他们发现,这些热喷泉遍布长达几千米的海底,真像是一个烟囱林立的工

拓展思考

海底热泉

　　海底热泉是指海底深处的喷泉,原理和火山喷泉类似,喷出的热水就像烟囱一样。海底热泉多出现在大洋中脊,是因为,洋中脊是多火山多地震区,岩石破碎强烈,海水能通过破碎带向下渗透,渗入的冷海水受热后,以热泉形式从海底泄出。在冷海水不断渗入、热海水不断排出的循环过程中,洋底玄武岩中铁、锰、铜、锌等元素溶于热海水中,成为富含金属元素的热液而喷涌出来。

海底是一个热流奔涌的世界

业区。"阿尔文"号穿梭在这神奇的海底，因为海底漆黑一片，科学家们无法看到这绮丽的景象，只能凭借他们发达的思维，想象出一幅美丽的图景。他们逐一对"烟囱"进行分析，在每一个"烟囱"周围都堆积着从热泉中沉淀的物质，形成大小不一的热丘，而每一个地热丘都是一个地下热水的喷出点。

这一重大发现，使科学家们欣喜若狂，他们早已忘了已在海底工作了多少小时，还是一个劲地研究他们所发现的海底热泉。他们从不再"冒烟"的空心柱上取下标本进行分析，原来柱子是由硫化物、硫酸盐和少量的硅酸盐组成的。更为奇特的是，在喷出超临界点热水的喷出点附近，竟然还发现了珍奇的各种鱼、白蟹、大蛤和管栖蠕虫等海底生物。这使科学家们大为震惊，他们的这次探险，获得了巨大的成功，得到了极其珍贵的关于这一带海底热泉的第一手资料。这已是 1979 年春天的事。

此后，"阿尔文"号的科学家们又在 1980 年发现了一些热泉。有的热泉周围硫化矿物中的金属含量已达到了工业开采的要求，那些像被巨大的神斧劈开的大洋中脊的中央裂合地带，被认为是最富某种金属硫化物的地带，只对这一地带的 100 多千米进行观察，热泉矿的数量与质量都大得惊人。从太平洋底采回的标本中含铁量为 39%，含锰量也很高，同时还含有少量的钡、镍、铜、锌、汞等。在海底热泉的独特条件下，热力和巨大压力使沉积的金属硫化物、浮游生物的遗骸和其他海洋生物在几千年内就转化为石油。这很可能意味着在适当热力和压力下，石油是能够更新的。由于这些海底地壳内的热水活动相当激烈，使海底的玄武岩发热，海水接触到这些发热的玄武岩，因而就形成了热海水。

　　海底热泉的发现震撼着"阿尔文"号潜水器内的科学家们，在他们的心目中重新确立了一个崭新的观念：海底是一个热流奔涌的世界，一个沸腾的世界，人们将去开发这一宝贵的资源。

❀ 海底奇妙的声音

　　神秘莫测的海底，经常会发出各种各样奇妙的声音。其中除波浪翻腾、惊涛拍岸发出的鸣响，海底地震、火山活动而引发的喧嚣外，每当风云突变、天气异常或风暴来临时，在不少海岛还会听到一阵阵有节奏的呜呜声响从海洋深处传来，好似闷雷滚动，一高一低，错落有致。有人

发出悠远笛声的蟾鱼

说，这像是海猪在嚎叫，也有人说，这是沉放在海中的用以探测洋流的报警器的鸣叫声。

美国著名生物学家罗杰·佩恩博士和夫人凯蒂，一次驾着小艇正在大西洋的百慕大群岛水域进行考察。当夜幕降临时，蓦地在水听器中听到从大洋深处传来一阵阵美妙的歌声，它节奏分明、抑扬顿挫、交替反复，很有规律，持续时间长达 30 分钟。这奇特的歌声，引起佩恩夫妇与许多生物学家探索的兴趣与热情，为了揭开这个奥秘，他们纷纷潜入海洋深处。

经多次探索发现，原来是座头鲸在引吭高歌。每当冬季它游到热带水域繁殖地点后，便高兴地唱起这动人的情歌来，歌唱者均为雄性，而且这些歌声每年都有新的变化。生活在不同海域的座头鲸，唱着不同的歌曲，但乐谱的结构与变化规律却是相同的，这表明座头鲸的"作曲"才能是有其遗传性的。

知识小链接

水听器

水听器又称水下传声器，是把水下声音信号转换为电信号的换能器。根据作用原理、换能原理、特性及构造等的不同，有声压、振速、压电和电动等水听器之分。水听器拥有坚固的不透水构造，且要采用抗腐蚀材料的不透水电缆等。

在斯里兰卡东部海岸城市提卡洛亚附近的一个浅水海湾，每当月朗星稀的夜晚，人们轻轻荡着小舟在海面上游弋时，可以清晰地听到水下传来的乐曲声，吸引着很多游客前来欣赏。经科学家利用电子仪器、闪光摄影仪以及回声探测器的周密调查，发现原来是栖身在海底泥土中的一些热带软体动物在晚间消化食物时发出的一种悠然自得的欢叫声，当这些声音传到水面，便成了一支支美妙的乐曲。

其实，许多海洋鱼类都有发声的本领，这也是鱼类生存的需要。鼓鱼发出击鼓般的咚咚声，是为了吓跑敌人；蟾鱼发出悠远的笛声，是在寻找配偶。在鱼类发出的声音中，有咯咯声、哼哼声、咳嗽声、呼哨声、尖叫声、磨牙声、搔抓声、鼓噪声等。据一些科学家分析，鱼类的声音，常常是由于鳔的振动和骨骼各部位的摩擦而发出来的。这些声音

的用途主要是警告自己的同类，危险即将来临。当然，人们对鱼类所发出的声音的意义还不甚了解，无法完全判断它们发音是否都是传递某一信息，但利用会发出声音的鱼类进行海战却早已有之。

有一种能发出像人弹手指头声音的小虾，叫弹指虾。它们可以不分季节昼夜地发出强烈的弹指声音。在第二次世界大战期间，日本海军偷偷地

可以发出击鼓般咚咚声的鼓鱼

把捕获的大量弹指虾移到美国一个军港附近，这些小虾发出震耳欲聋的声音，使美国水下听音设施处于瘫痪状态。日军利用弹指虾发出的声音掩盖了潜水艇螺旋桨的击水声，急速靠近美军军港停泊码头，发射鱼雷袭击美军舰艇，然后安全撤离。

英美海军在大西洋与德国海军的激战中，德国海军曾在一些重要的航线上秘密地布设了许多新发明的音响水雷，这种水雷的特点是当舰船接近水雷

引吭高歌的座头鲸

时，发动机发出的音响声波会自动引爆水雷。德军本以为有这种水雷海中防线，任何船只也无法靠近，但出人意料的是，水雷常常被莫明其妙地引爆了，却一条舰船也不曾伤着。原来，音响水雷碰上了一种能发出一定频率音响的小虾，它们发出的声响引爆了水雷。

许多类似的事例引起了科学家们的关注，研究海洋动物的发声，已成为一门新兴的科学，相信在不久的将来，人们将更准确地分辨鱼类所发出的声音，从而有效地利用它们。

海底的天外来客——星屑

深沉的海底世界，广袤无垠，它不仅有奔腾的激流、宏伟的火山、灼热的喷泉、神奇的生命和丰富的矿物资源，而且还蕴藏着许多星际信息。比如某星球从宇宙中消失了，海洋便将这次事件记在那神秘的"记事本"上；月球上某一次火山喷发，从海底就能找到此迹象的凭据。海底拥有许多星际的不速之客，只是人们很难听懂那波涛的诉说罢了。

海洋调查船

这星际的不速之客，便是星屑（或叫宇宙尘），对它的发现，可以追溯到19世纪。

1872—1876 年，英国著名海洋考察船"挑战者"号右进行海洋科学考察中，除了发现世界最深的马里亚纳海沟外，最大的收获便是从深海采到了珍奇的小颗粒宇宙尘。

历史跨过了 19 世纪的横杆，在 1950 年，美国也采到了海底星屑。紧接着，1967 年前后，日本也成了拥有海底星屑的国家之一。这些国家相继对海底星屑展开了多学科的研究并获得了不少科学数据。

1978—1979 年，我国海洋调查船"向阳红 09"号在参加全球大气试验期间也进行了采集海底星屑的工作，并第一次从太平洋西部海域几千米深的海底采到了这种星际物质，从而使我国进入了研究这一地球外源物质的领域。

各国为了证实所采集到的各种星屑的真实身份，都进行了大量的研究工作。科学工作者把它们与用高空气球、U2 飞机、火

拓展阅读

海洋调查船

海洋调查船是专门用来对海洋进行科学调查和考察活动的海洋工程船舶。最早的海洋调查船是由一般海洋船舶改制而成。后来，出现了专门建造的海洋调查船，船上装有专门的海洋调查、考察的仪器、设备。

高空探测气球

箭、人造卫星飞行器在高空中搜集到的星屑进行对比，发现两者完全相同，从而确定了这些小颗粒是来自地球以外的宇宙尘埃。

我国科学家对海底星屑进行了多方面的探索，其中有光谱半定量分析、电子探针分析、X 射线粉晶照相和扫描电子显微镜分析等，获得了试

样的显微特征、化学成分、矿物成分与微结构构造等许多珍贵资料。

科学家们还把海底星屑按显微特征与成分特征，分成铁质星屑、铁石质星屑与玻璃质星屑 3 种，这 3 种来自海底的星际使者，以它们各自不同的姿态，呈现在人们面前。在五六十倍实体显微镜下，可以清晰地看到铁质星屑是一些黑色的或褐色的长圆球粒，表面光洁透亮，耀眼夺目，仿佛是一颗颗闪闪发光的小钢球；铁石质星屑是一些暗褐色或稍带灰白的球状、椭球状或圆角状的小颗粒；玻璃质星屑则是一些无色或淡黄色的尘粒，像是一盘晶莹剔透的玻璃球。

知识小链接

半定量分析

半定量分析是准确性比定量分析稍差的分析方法，特点是简单、迅速、费用低。半定量分析常用于下述几种情况：①希望得知成分的大致含量，以便进一步选择合适的精确定量分析方法；②只要求分析快，不太追求成分的准确含量；③试样较少，没有理想的定量方法可采用。

据科学家们测定，铁质海底星屑的主要成分是镁、镍等一些较重的元素，铁石质星屑的主要成分是氧、硅、镁、钙、铝等较轻的元素，玻璃质星屑的主要成分则是氧化硅与少量的二价氧化物。

这些星屑在到达地球、深藏海底之前是星际尘埃的一部分。由于它们反射太阳光线，形成了黄道光的模糊光带，在几百万年的时间内，尘埃颗粒不断向太阳旋转前进，并不断从小行星带得到补充，与小行星碰撞时，迸溅出的火花凝结起来，便形成了这些宇宙尘粒，并被一股强劲的力量推进到地球大气层里。科学家们认为，铁质星屑是行星内部的物质，铁石质星屑是行星外部的物质。

趣味点击 "熄灭了"的星球
——月球

与地球火山相比，月球火山可谓老态龙钟。大部分月球火山的年龄在30亿~40亿年；最年轻的月球火山也有1亿年的历史。而在地质年代中，地球火山属于青年时期，一般年龄要小于10万年。年轻的地球火山仍然十分活跃，而月球却没有任何新近的火山和地质活动迹象，因此，天文学家称月球是"熄灭了"的星球。

那么，这些神奇的宇宙使者，又是在一股什么样的力量推动下脱离自己的轨道，而甘愿栖身于孤寂的海底呢？科学家们找到了玻璃质星屑落到地球海洋里的缘由。他们认为，玻璃质星屑来自月球，是月球火山作用的喷发物。月球是个火山喷发的世界，随时有可能有猛烈的火山爆发，当月球火山喷发时，火山物质以每秒6000米的速度向外射出，而要脱离月球的吸引力，只需要每秒2000米的速度就够了。因此，它们来自月球是完全有理由的。英国巴斯大学的研究人员认为，除玻璃质星屑外的其他海底星屑是在火星与木星之间的小行星在宇宙间彼此碰撞时抛出的"火花"，它们每天落到地球上的数量高达14吨左右，而其中大部分降落在深海底。

对海底星屑的研究历史并不太长，但它对探讨地球、太阳系以及银河系起源与演化都有重要意义。此外，对于海洋沉积学、气候学的研究，也具有一定的价值。

铁质陨石

当然，要在深海底寻找这些神奇的天外来客的踪迹是极其困难的，因为海底是神秘莫测的活动着的世界。但是，随着现代科学与技术的发展，人们是可以愈来愈多地寻找到它们，并把它们从海底带到陆地上来的。

神奇的海底史前画

海底充满着美妙与神奇，一幅幅美不胜收的图景出现在海洋深处。一位潜水员叙述在加拉帕戈斯群岛的海底景象时说，热泉喷口周围长满红嘴虫，短颚蟹在盲目地爬行，大得异乎寻常的褐色贻贝、海葵像花一样在怒放，奇异的蒲公英状的管孔虫用丝把自己系留在喷泉旁，血红色的蠕虫用

海底壁画

无数的触须在贪婪地吸取着水中的氧气和微小的食物颗粒，海底珊瑚更以其瑰丽的色彩、形态，展现着自己独特的风姿与美丽……单以海底这些生物群落来说，就足以使人眼花缭乱了。

知识小链接

合成纤维

合成纤维是将人工合成的、具有适宜分子量并具有可溶（或可熔）性的线型聚合物，经纺丝成形后处理而制得的化学纤维。通常将这类具有成纤性能的聚合物称为成纤聚合物。合成纤维除了具有化学纤维的一般优越性能，如强度高、质轻、易洗快干、弹性好、不怕霉蛀等外，不同品种的合成纤维各具有某些独特性能。

为了逼真地描绘海底世界的美景，比利时画家杰米穿上系有质量为 13.5

千克的铅的潜水衣，潜入 5.5 米深的地中海海底，在这由海底植物、珊瑚塔和鱼类组成的世界里。杰米用特别的加重画架、合成纤维帆布以及颜料等画具，先后描绘了约 370 幅海底图画。他被人们称为世界上一流的海底画家。

　　然而，令世人震惊的还不只是画家潜入海底绘画，而是在海底早就藏匿着绘就的壁画，它们都是在距今万年前绘成的，这是在法国摩休粤海底发现的。这些史前的壁画是谁绘出的？它为什么深藏在海底？人们不禁对发现这些壁画的经过产生了浓厚的兴趣。

海底风光

　　1989 年，法国马赛市的一位潜水员库斯奎在地中海摩休粤的一处岩崩遗址下，偶然发现水下有一黑洞，它距海面约 40 米。库斯奎壮着胆子，小心翼翼地潜入洞中。他穿过洞口周围密密丛丛的珊瑚和海扇，向前探索着，在前进了大约 50 米后，洞里的道路便变宽了，浑浊的海水在四处弥漫，洞穴更显得黑暗了。这位有经验的潜水员感到洞穴深不可测，便只好先撤回来。第二天早晨，他又出发了，并改变了探索的方式，他穿过岩缝，深入到水下 150 米的地方，半小时后，他便把头露出水面环视四周，发现自己是在一堵峭壁的旁边，水深仅及腰际，展现在眼前的竟是色彩斑斓

海底景观

的洞壁，有白色、蓝色、赭色相互交杂着，笋石、钟乳石如林，还有宏伟的石灰岩柱。这一神奇的发现令他惊讶不已。库斯奎多么想再深入洞穴中去看

个究竟，无奈氧气已不多，只好改日再来。

1990年7月9日，库斯奎再次下潜，并进入这一洞窟中，同去的还有3位潜水员，他们都是有经验的潜水协会的会员。这次，他们还携带了袖珍灯、放光灯、防水摄影机等海底器材。他们沿着通道摸索着下潜，进入又深又黑的洞窟后，便把袖珍灯放在一块大石上，在灯光的照射下，漆黑的洞壁上赫然出现了几十幅美妙的壁画，其中有横排的小黑马图、巨角的山羊图、雄鹿图、奔马图、大野牛与猫的头部图以及企鹅图、野牛图、羚羊图、海豹图和一些手掌印，还有许多怪异的几何符号。他们急忙掏出防水摄影机，把这些壁画一一摄录了下来，满载而归。

他们在寻思着：这些让人难以置信的海底壁画是从哪里来的？于是他们查阅了很多考古书籍，也没能找到答案。他们决定尽可能多地搜集资料后，再向海事局报告。同年9月1日，一件惨案发生了，有些人竟效仿库斯奎等人进洞探险的举动，却因准备不足，而且洞黑如漆，结果撞在岩壁上而丧生。

库斯奎等人想，再也不能等待了，便大踏步地走进摩休粤湾海事局马赛办事处，报告他们发现海底壁画的经过，以期引起注意，并防止同样惨剧的再次发生。最初，海事局的官员们并不相信，因为物证只有几张照片，幸而有两位专家认为这是可能的。这两位专家一位是海底考古研究部的调查员兼

海底生物

岩石艺术国际委员会主席克思德，另一位是全国科学研究所的研究组主任、史前研究权威库尔丹，他们在海底曾发现旧石器时代的遗骨、燧石、木炭。他们知道海底有许多洞穴，在几万年前原是人类的居所，后来由于地壳下沉被海水淹没了。为慎重起见，法国文化部决定先派专家到现场勘察和证实该处是否是旧石器时代的居所。

基本小知识

蛙　人

蛙人就是担负着水下侦查、爆破和执行特殊作战任务的部队，因他们携带的装备中有形似青蛙脚开关的游泳工具，所以称之为蛙人。他们是长期在水下游动而戴着面罩、备有脚蹼、橡皮衣、氧气筒等担负特殊任务的两栖部队。

1991 年 9 月 19 日，由海军调派的考古研究船驶至洞穴上方，船上有蛙人、专家和海军扫雷人员。库斯奎与一名海底专家先潜入洞穴把挂着灯的标志线拉好，尔后他与库尔丹一起潜入洞穴尽头。当他俩冒出水面，扭亮强力泛光灯照亮洞壁四周时，景象完全与库斯奎所描述的情景与拍摄的照片一样。这时，库尔丹惊叹道："我从未见到过这样的图画与美景！"

知识小链接

旧石器时代

旧石器时代是指以使用打制石器为标志的人类物质文化发展阶段。地质时代属于上新世晚期更新世，从距今约 250 万年前开始，延续到距今 1 万年左右为止。可分为旧石器时代早期、旧石器时代中期、旧石器时代晚期。

鉴定工作进行了 4 天，并经实验室测定证明：马、野牛、山羊等壁画和雕刻，全都具有旧石器时代的特征，是按照史前艺术的绘画惯例绘制出来的。绘画的炭是用挪威松和黑松烧成的，这两种松原来在这一带沿岸生长着。显微镜观察还发现采回的泥土样本里含有当时地中海沿岸生长的赤杨和花粉的化石。专家们确认这个洞穴是古人类举行宗教仪式的圣所，洞内没有工具、箭头、兽骨等遗物，说明人类栖居在洞外，洞壁的画，供人瞻仰、膜拜而用，掌印可能是符号语言的一部分。

库斯奎这一海底洞穴壁画的发现震惊了世界，因为它证明了法国东南部地中海地区也有旧石器时代艺术。如今，这个被命名为"库斯奎洞"的洞穴已闻名于世。

▶ 铁塔·光轮·幽灵岛

浩瀚的海洋，瞬息万变，神秘莫测，在科学技术日益发展的今天，仍有许多困惑着人们的谜团，在等待着科学家们去解开。

1964 年 8 月 29 日，"艾尔塔宁"号科学考察船航行至智利的合恩角以西 7400 千米左右处抛锚停泊，按照南极考察计划开始工作。他们把一台深水摄像机下潜至 4500 米的海底进行水下拍摄工作。一天，考察结束后，当技术人员对当天拍摄的胶片进行显影处理时，在一张胶片上发现了奇特的东西，当胶片被放大洗成照片后，可以清晰地看到一个顶端呈针状的水下"铁塔"，从塔中部延伸出四排芯棒，芯棒与铁塔成 90°夹角，每个芯棒末端都有一个白色小球，照片上的这个"铁塔"，很像是一座塔式发射天线。1964 年 12 月 4 日，"艾尔塔宁"号科学考察船完成使命后驶入新西兰的奥克兰港，船员把这张拍摄有"铁塔"的照片给一位记者看，记者问随船的海洋生物科

拓展阅读

胶 片

胶片就是银盐感光胶片，也叫菲林，现在一般是指胶卷，也可以指印刷制版中的底片。胶片都是黑色的，胶片的边角一般有一个英文的符号，是胶片的编号。一张胶片只代表一种颜色，印刷彩色的，最少要有 4 张胶片。

学家托马斯·霍普金斯："这是什么东西？"生物学家回答说："这显然既不是动物，也不是植物，我不确定这座海底铁塔是不是人建造的。"美国一位从事月球遥控器指令研究的航天专家 C. 霍尼看了照片后则说："凭我多年从事研究的经验，这个神秘的'海底铁塔'建造者可能是来自太空的外星人。"

1880 年 5 月一个漆黑的夜晚，一艘名为"帕特纳"的轮船正在波斯湾海面上航行，突然船的两侧各出现一个直径为 500 ~ 600 米的圆形光轮，这两个奇怪的"海上光轮"在海面上围绕着轮船旋转着。它们跟随轮船前进，大约 20 分钟后才消失。1909 年 6 月 10 日夜间 3 时左右，一艘丹麦汽轮正航行在马六甲海峡，突然船长宾

马六甲海峡

坦看到海面上出现一种奇怪的现象：一个几乎与海面相接的圆形光轮在空中旋转着，船员们都有一种不舒服的感觉。面对这些海上的光轮，人们各自推测着：它可能是船舰的桅杆、吊索、电缆等结合而产生旋转的光圈；海洋浮游生物也会造成与引起美丽的光轮；两组海浪的相互干扰，也会使发光的海洋浮游生物产生一种运动，也会造成旋转的光圈；也许是球状闪电的电击而引起的一种现象，抑或是某些物理现象所造成。这种种说法，都还只停留在猜想的层面上，而真正疑团的解开，尚需海洋研究工作者进行大量的调研工作，搜取更多的证据，才能科学、完善地给出准确的回答。

1707 年，英国船长朱利叶在斯匹次卑尔根群岛以北的地平线上发现了陆地，但总无法接近它。他始终相信这不是光学错觉，便将"陆地"标在地图上。过了近 200 年，海军上将玛卡洛夫的考察队乘"叶尔玛克"号破冰船到北极去，考察队员们再次发现了朱利叶当年所见到的陆地。1925 年，航海家沃尔斯列依也在这个地区发现了这个岛屿的轮廓。可是到了 1928 年，当科学

球状闪电

　　球状闪电通常都在雷暴之下发生，它十分光亮，略呈圆球形，直径20～100厘米。通常只会维持数秒，但也有维持1～2分钟的纪录。球状闪电可以在空气中独立而缓慢地移动。在其短短几秒的生命中，它的光度、形状和大小都保持不变。它的颜色有橙色、红色、蓝色、亮白色，还有的球状闪电镶嵌着幽绿色的光环。

家们前去考察时，却没有发现这地区有任何岛屿的存在。类似这样的情况，在地中海也发生过。那是1831年7月10日，一艘意大利船途经地中海西西里岛西南方的海上航行，船员们目睹了一场突现的奇观：海面上涌起一股20多米高的水柱，方圆近730多米转眼间变成一团烟雾弥漫的蒸汽升到近600米的高空。8天后，当这艘船返回时，发现这里出现了一个冒烟的小岛，四周海水中布满多孔的红褐色浮石和不可胜数的死鱼。这座在浓烟和沸水中诞生的小岛，在以后10多天中不断扩展、伸延，由4米高长到60多米高，周长也扩展到4800千米。由于这个小岛诞生在航运繁忙、地理位置重要的突尼斯海峡，引起各国的注意，并派人前往考察。

知识小链接

浮　石

　　浮石又称轻石或浮岩，是一种多孔、轻质的玻璃质酸性火山喷出岩。浮石表面粗糙，因孔隙多、质量轻，能浮于水面而得名。此外，它还具有强度高、耐酸碱、耐腐蚀的特性，且无污染、无放射性等，是理想的天然、绿色、环保的产品。广泛用于建筑、园林、纺织、制衣、洗漂等行业。

　　正当各国在为建设这一新岛彼此争夺其主权时，它忽然开始缩小了，仅3

个月左右，便隐入水底。在以后的岁月中，它又多次露出水面，接着又隐藏起来。在 1943 年，日本海军在太平洋与美军交战中节节失利，设在南太平洋所罗门群岛拉包尔的日本联合舰队总队遭到美国空军的猛烈轰炸，为了疏散伤病员和一些战略物资，日本侦察机发现距拉包尔以南 185 千米的海域，有一个无人居住的海岛，这岛上绿树成荫，有小溪流水，几十平方千米的面积，又不在主航道上，是一个疏散隐蔽伤病员的好地方，于是日军将 1000 多名伤病员和一些战略物资运至这荒无人烟的海岛上。

南太平洋所罗门群岛

安置好伤病员后，日军总部一直与这里保持着联系，并经常运来食品与医疗用品。谁知一个多月后，无线电联系突然中断，军舰前来支援，但再也找不到这个岛，1000 多伤病员与物资也随小岛一起失踪。美国侦察机也发现过该岛，并拍下详细照片，发现有日军躲藏，但派出军舰前来搜索，也扑了个空。这个海岛与岛上的 1000 多人哪里去了？

幽灵岛

战后，日本、美国都派出海洋大型考察船前来这一海域搜索，并派了潜水员深入海底寻找了较长时间，未发现任何踪影。1990 年，美国中央情报局在太平洋战略重地海域的一座无人居住的小岛上安装了海面遥感监测器，与天上的美军军事间谍卫星遥相呼应，监视其他国家海军的核潜艇在太平洋海域的动态。这座"谍岛"获得的情报直通美国国防部，凡在这一带海域过往的商船、军舰及在此出没的潜水艇、飞机等无不在美国国防部监视之中。1991 年的一天，"谍岛"的监视与信息系统突然中断，美国国防部大为震惊。

开始，他们怀疑是有人发现了这个秘密，有意破坏了美国间谍网点。于是，美国派出一支巡洋舰队以演习为名，悄悄调查此事，谁知却扑了个空，舰队赶到出事地点，"谍岛"已从海洋中消失了。美国科学家们认真检查了这一带海洋监测系统，并没有发现这一带海域发生过地震或海啸引起海底地形变化，使小岛沉没在水中的事件，也没有可能是其他

拓展阅读

美国国防部

美国国防部是美国联邦行政部门之一，主要负责统合国家安全和武装力量，其总部位于五角大楼，因此人们也常用五角大楼代称。美国国防部设有三个军事部门：陆军部、海军部和空军部，涵盖了除海岸防卫队外所有美国军队。

国家埋下数千吨炸药摧毁了这个小岛。那么，这一"谍岛"又是如何失踪的呢？美国国防部陷入茫然不知所措的境地。

面对这些"幽灵岛"是怎样形成又怎样消失了的，各国海洋地质科学家与教授、学者纷纷撰文分析。日本海洋地质学家龙本太郎认为，南太平洋上来去匆匆的"幽灵岛"是由于澳大利亚沙漠底下巨大的暗河流冲入南太平洋的海底，带来巨大泥沙在海底堆积增高，直至升出海面，形成泥沙岛，在汹涌的暗河流冲击下，泥沙岛被冲垮而消失。美国海洋地质学家京利·高罗尔教授则认为"幽灵岛"上的基础是花岗岩，且岛上有茂盛的植物与动物群，它形成的年代久远，暗河流是冲击不了的。他判断是由于海底强烈地震与海啸，使它葬身海底。

"阿波丸"号葬身海底之谜

"阿波丸"号是一艘大型远洋客货轮，船长 154.9 米，船宽 20.2 米，船

"阿波丸"号

深 12.6 米，总吨位 11 249 吨，最高航速 38.5 千米每小时。"阿波丸"号设备先进、制造精良，装备有对空高射炮、海战炮，船上要害部位有 60 毫米的加强钢板保护，能抗住一般炮火的攻击。另外，船上还装有固定的自爆装置，在发生不测时船长可按下电钮，与敌人同归于尽。"阿波丸"号曰日本三菱长崎造船厂于 1942 年 8 月 4 日开始建造，1943 年 3 月 5 日下水交付当时的日本陆军使用。

在完成处女航后一年多的时间里，"阿波丸"号冒着风险，在惊涛骇浪里奔波。它的运气确实不错，一次在航行途中遭到美军潜艇的鱼雷攻击，其他船只都被击沉，唯独"阿波丸"号避开了射来的 4 枚鱼雷，安然无恙。1944 年 3 月 4 日，"阿波丸"号在开往菲律宾途中，遇上美军舰队的拦截，尽管第一舱被鱼雷击中，但由于水密舱壁坚实，其他舱室均未进水，因而仍能快速奔驰，逃脱了死神的追逐。由于当时的日本大型运输船几乎都被击沉，像"阿波丸"号这样几经绝境而仍然幸存的船只，实在是很少。于是，"阿波丸"号有了"幸运之神"的美誉。

1944 年底，日本在太平洋的运输线已被完全切断，在经

拓展阅读

国际红十字会

国际红十字会即红十字国际委员会，1863 年 2 月 9 日成立，总部位于瑞士日内瓦，在大约 80 个国家设有办事机构。红十字国际委员会是一个独立、中立的组织，其使命是为战争和武装暴力的受害者提供人道保护和援助。

济、政治、军事上都难以支撑长期战争，败局基本已定。美国政府担心日军迫害战俘，便通过国际红十字会的斡旋，允许日本少量运输船为美国战俘运送救济物资，"阿波丸"号便是其中的一艘。美军给"阿波丸"号发放了允许它在美军控制海域通行的"通行令"，并要求把船体漆成白色，船体两侧、烟囱和甲板漆上绿十字，夜间加电灯边框，每天12点向在瑞士的国际红十字会报告船的所在位置。日本政府一反常态接受了美方的要求，其实是自有算计，表面上可以显示出他们尊重人道主义精神，暗地里是在交通线被美军切断的情况下，通过"阿波丸"号夹带大量东南亚各地日军所急需的军用物资，以便顽抗到底。

1945年4月1日夜，这艘满载货物的日本万吨巨轮，在美国潜水艇的重创下，3分钟后从海面消失，沉入中国领海福建省平潭县牛山岛以东海域。船上2009人只有一个生还。

世人瞩目的重点是"阿波丸"号上特别安装的3个保险柜和船长室的1

个保险柜。装在这些保险柜中的究竟是什么东西呢？是不是价值连城的财宝？这是至今未能确认的"阿波丸"号之谜。

"阿波丸"号的的确确还有一

万吨巨轮"阿波丸"号 些人们至今未明的物品，众说纷纭，且数额不一。然而有一点是大家共同的认识："阿波丸"号上装有巨额的贵重物资和贵金属。

海沟——海底的深渊

海底的深沟，是由坚硬的岩石组成，海底上盖着薄薄的一层泥沙。沟底的软泥，有的来自繁殖于海面上的微小生物的遗体，它们从海面沉到海底。另外，沟坡上的泥沙偶尔也会崩落到沟底。海沟的上部比较开阔，越往下，越缩窄。

世界海洋的平均深度不到4000米，而全球19条海沟的水深却都在7000米以上。在海底的深渊里，终年暗无天日。这里见不到海面上的浪涛，也听不见人世间的喧嚣。

1960年1月23日，太平洋西缘马里亚纳海沟的洋面上，惊涛奔涌，狂风怒号。有两位勇敢的科学家乘坐美国"的里雅斯特号"潜水艇，直向地球的深渊潜下去。两个多小时后，他们终于第一次到达海底的最深处。水压计指示这里的水深是1.1万米。

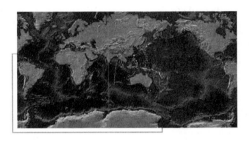

环太平洋火山带

这时，潜艇承受了大约15万吨的压力。虽然潜艇的壳体由一种强度特高的合金钢制成，它的直径仍然被压缩了1.5毫米。

海沟之所以这样深，就是因为海底在这儿向下弯曲，沉潜到相邻大陆或群岛之下的缘故。

在海沟附近，大陆地块骑跨在海底地块之上，陆块向上仰冲，被高高地抬起来；海沟则向下俯冲，深深地陷落。

全球80%的地震都集中在太平洋周围的海沟以及它附近的大陆和群岛区，这些地震每年释放出的能量，足以举起整个喜马拉雅山，或者说，可以与10万颗原子弹爆炸产生的能量相比拟。并且。陆地上的大多数火山也集中在环绕太平洋的周围地带，所以这一带有"环太平洋火山带"之称。

1923年9月1日下午，邻近日本海沟的东京、横滨一带，大地突然颤抖起来了，在几秒钟以内房屋纷纷倒塌。当时多数人家正在做午餐，火炉翻倒，许多地方腾起了熊熊大火。居民们挣扎着逃出屋外。每个人都在仓皇地奔逃，可是，谁也不知道要跑到哪里去，许多人漫无目的地乱兜圈子，歇斯底里的人群争先恐后，一片混乱，街道上越来越拥挤不堪。终于，有人省悟过来了——要尽快逃离这坍塌和燃烧着的闹市区。在这场著名的关东大地震以及它导致的大火中，大约55亿日元的财产毁于一旦，伤亡人数达24万。

拓展阅读

海沟是洋壳开始俯冲的地方

新生的洋壳不断离开洋中脊向两侧扩张，在海沟处大部分洋壳变冷而致密，沿板块俯冲带潜没于地幔之中。当移动的大洋壳遇到大陆壳时，就俯冲钻入地幔之中，在俯冲地带，由于拖曳作用形成深海沟，因此说海沟是洋壳开始俯冲的地方。

太平洋周围火山地震特别多，地质学家对此早有所知。可是，其缘故过去一直说不太清楚，现在总算真相大白了。太平洋周缘火山、地震的肇事者，就是海底地壳沿着海沟的俯冲作用。

地球物理学家还算出了各条海沟的海底俯冲速度，它们大多为7~8厘米每年。

太平洋周缘的海沟好似一张吞吃海底的大口。当一块大陆向前漂移时，难免要盖没前方的海底，这部分海底正是通过海沟这张大口俯冲潜没于相邻大陆之下，所以在一块漂移着的大陆的前缘，一般都展布着一列列的海沟。